煤矿安全生产标准化

安全风险分级管控体系建设与实施指南

主编　刘海滨

煤 炭 工 业 出 版 社

·北　京·

图书在版编目（CIP）数据

煤矿安全生产标准化安全风险分级管控体系建设与实施指南/刘海滨主编 .--北京：煤炭工业出版社，2018

ISBN 978-7-5020-6592-8

Ⅰ.①煤… Ⅱ.①刘… Ⅲ.①煤矿—安全生产—风险管理—标准化管理—研究—中国 Ⅳ.①TD7-65

中国版本图书馆 CIP 数据核字（2018）第 082013 号

煤矿安全生产标准化安全风险分级管控体系建设与实施指南

主　　编　刘海滨
责任编辑　尹忠昌　唐小磊
责任校对　尤　爽
封面设计　于春颖

出版发行　煤炭工业出版社（北京市朝阳区芍药居 35 号　100029）
电　　话　010-84657898（总编室）
　　　　　010-64018321（发行部）　010-84657880（读者服务部）
电子信箱　cciph612@ 126. com
网　　址　www. cciph. com. cn
印　　刷　北京市庆全新光印刷有限公司
经　　销　全国新华书店

开　　本　710mm×1000mm 1/16　**印张**　10 3/4　**字数**　141 千字
版　　次　2018 年 5 月第 1 版　2018 年 5 月第 1 次印刷
社内编号　20180446　　**定价**　38.00 元

编写人员名单

主　　编　刘海滨

参编人员　黄　辉　刘　浩　乔毅娜　于　辉

高东风　王安宇

前　言

2017年1月24日，国家煤矿安全监察局以煤安监行管【2017】5号印发了《煤矿安全生产标准化考核定级办法（试行）》和《煤矿安全生产标准化基本要求及评分方法（试行）》，于2017年7月1日起执行。

本次修订在国家煤矿安全监察局2013年发布的《煤矿安全质量标准化基本要求及评分方法（试行）》基础上，以煤矿安全生产标准化为载体，将安全风险分级管控、事故隐患排查治理双重预防性工作机制纳入标准化考核体系中，构成了“三位一体”的工作体系，实现了对“双控”的量化考核。

新标准将“安全风险分级管控”作为第一部分，设置内容的重点在工作框架和工作机制方面，从组织机构与制度、安全风险辨识评估、安全风险管控和保障措施等方面提出了基本要求、制定了评分方法，目标是防范和遏制重特大事故。

本书根据《煤矿安全生产标准化考核定级办法（试行）》《煤矿安全生产标准化基本要求及评分方法（试行）》和《煤矿安全生产标准化基本要求及评分方法（试行）专家解读》中的工作要求、评分标准和专家解读，在内容和案例选择上充分考虑如何指导煤矿在安全风险分级管控工作中应该做什么、谁来做、如何做，辨识结果如何应用等方面。

全书共分五章，介绍了煤矿安全风险分级管控体系建设背景、典型安全管理体系结构与特征、煤矿安全质量标准化发展历程以及相关概念和术语；重点阐明了工作机制、安全风险辨识评估、安全风险管控和保障措施构建和实施工作中所涉及的相关理解要点、流程及方法；选取了部分煤矿的具体应用实例，为煤矿安全风险分级管控体系建设与实施提供参考。

本书可以作为煤矿安全生产标准化建设、各级安全管理培训、相关安全管理体系建设和相关行业安全管理咨询等的培训教材。

本书编写过程中，得到了煤炭工业出版社的大力支持和帮助，采用了一些煤矿安全管理实践案例和前人的研究成果，在此表示衷心的感谢！由于编写人员水平有限，加之时间仓促，疏漏与欠妥之处在所难免，敬请专家和读者批评指正。

编　者

2018 年 3 月 20 日

目　　次

第一章　导论……………………………………………………………… 1

第一节　建设背景………………………………………………………… 1
第二节　典型安全管理体系结构与特征………………………………… 2
第三节　煤矿安全质量标准化发展历程………………………………… 6
第四节　定义和术语……………………………………………………… 8

第二章　工作机制 ……………………………………………………… 12

第一节　工作要求、评分标准和理解要点 …………………………… 12
第二节　组织机构和职责分配 ………………………………………… 13
第三节　制度建设 ……………………………………………………… 24
第四节　安全风险分级管控基本流程 ………………………………… 32
第五节　安全风险辨识和评估方法 …………………………………… 34

第三章　安全风险辨识评估 …………………………………………… 47

第一节　工作要求、评分标准和理解要点 …………………………… 47
第二节　安全风险辨识评估工作流程 ………………………………… 53
第三节　安全风险管控措施制定流程 ………………………………… 75
第四节　重大安全风险清单 …………………………………………… 82
第五节　安全风险辨识评估报告 ……………………………………… 83

第四章　安全风险管控………………………………………………… 122

第一节　工作要求、评分标准和理解要点…………………………… 122

第二节　重大安全风险管控措施制定 ……………………………………… 125
第三节　重大安全风险管控措施实施 ……………………………………… 136
第四节　安全风险检查和监测监控 ………………………………………… 141

第五章　保障措施 ………………………………………………………… 147

第一节　工作要求、评价标准和理解要点 ………………………………… 147
第二节　安全风险管控管理信息系统建设 ………………………………… 149
第三节　教育与培训 ………………………………………………………… 158

参考文献 ……………………………………………………………………… 163

第一章　导　论

第一节　建　设　背　景

我国煤矿数量多、分布广、地质条件复杂、装备水平相对落后、从业人员队伍庞大，一直属于工业生产中的高危行业。为了实现煤矿的安全生产，党和国家采取了一系列重大决策部署，加强煤矿安全生产工作，各地区、部门以及煤炭企业不断进行探索和实践，努力构建保障煤矿安全生产的长效机制。当前，我国已基本形成了“国家监察、地方监管、企业负责”的煤矿安全生产格局，初步建立了以《安全生产法》和《煤矿安全监察条例》为主体的煤矿安全生产法律法规体系，煤矿安全基础管理工作不断加强，安全生产形势持续稳定好转，煤矿安全管理水平不断提高，但安全生产形势依然严峻。

针对我国工业安全生产中存在的问题，党中央、国务院领导同志作出了一系列重要指示，提出要牢固树立安全生产红线意识，着力遏制重特大事故频发势头，加大高风险领域隐患排查整治力度，在高危行业领域推行风险分级管控和隐患排查治理双重预防性机制。2016 年 4 月 28 日，国务院安委会办公室印发了《标本兼治遏制重特大事故工作指南》，提出“着力构建安全风险分级管控和隐患排查治理双重预防性工作机制”。2016 年 10 月 9 日，国务院安委会发布了《关于实施遏制重特大事故工作指南构建双重预防机制的意见》，指出构建安全风险分级管控和隐患排查治理双重预防机制是遏制重特大事故的重要举措，同时就构建双重预防机制提出了具体意见。2016 年 12 月 9 日，在发布的

《中共中央 国务院关于推进安全生产领域改革发展的意见》中，就企业建立安全预防控制体系提出了具体要求。2017 年 1 月 12 日，国务院办公厅印发的《安全生产“十三五”规划》要求，“不断完善风险分级管控和隐患排查治理双重预防机制，有效控制事故风险”。

2017 年 1 月 24 日，国家煤矿安全监察局印发了《煤矿安全生产标准化考核定级办法（试行）》（以下简称定级办法）和《煤矿安全生产标准化基本要求及评分方法（试行）》（以下简称评分办法）的通知（煤安监行管〔2017〕5 号），并于 2017 年 7 月 1 日起试行。修订后的定级办法与评分办法与 2013 年发布的《煤矿安全质量标准化考核评级办法（试行）》和《煤矿安全质量标准化基本要求及评分方法（试行）》相比，发生了较大变动，要求在煤矿构建安全风险分级管控和事故隐患排查治理双重预防性工作机制，并提出了构建双重预防性工作机制的具体评分方法。

第二节 典型安全管理体系结构与特征

在与工业事故长期斗争中，安全管理理论和方法不断发展，先后经历了事后总结、事中控制和事前预控等阶段。当前，一些先进的安全管理体系如职业安全健康管理体系（OSHMS）、NOSA 五星综合管理系统以及 HSE 管理体系等被国际上诸多企业广泛应用，这些管理体系所体现的管理思想和采取的具体方法对我国煤矿安全管理工作产生了重要影响。

1. 职业安全健康管理体系

职业安全健康管理体系侧重于安全与健康管理。体系由 17 个元素组成，运行主线是风险控制，运行基础是危害辨识、风险评价和风险控制的策划。职业安全健康管理体系的实质是以实现组织职业安全健康持续改进为目的的结构化管理框架。职业安全健康管理体系运行模式如图 1-1 所示。

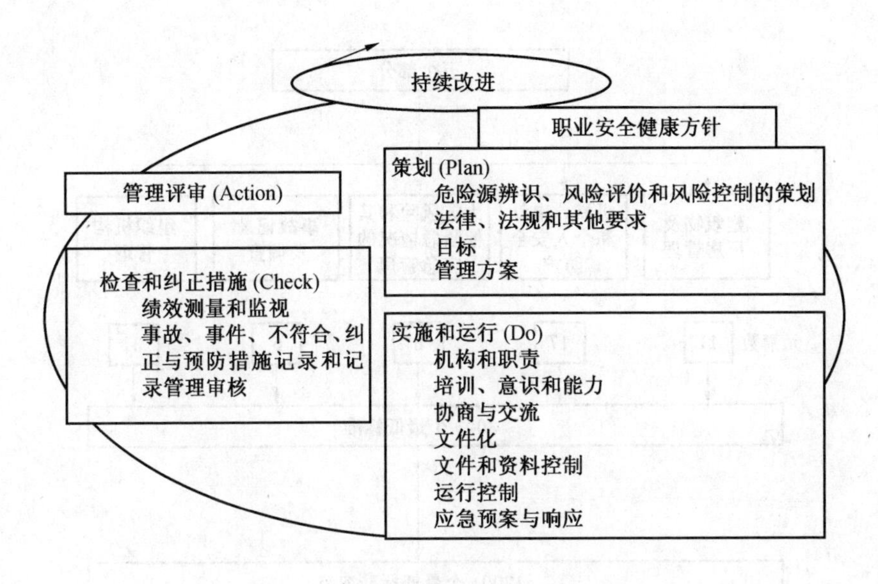

图 1-1　职业安全健康管理体系运行模式

在职业安全健康管理体系的运行过程中，强调职业安全健康方针、策划、实施和运行、管理评审、检查和纠正措施五个要素的动态循环，以实现企业职业安全健康状况的不断改进，最终达到预防和控制工伤事故、职业病及其他损失的目标。

2. NOSA 五星综合管理系统

NOSA 五星综合管理系统以危害辨识、风险管理为核心，以海因里希的“冰山理论”为依据，以 PDCA 作为其运行模式。系统整体由 5 部分、72 个元素构成，是一个集职业健康、安全、环境于一体的管理体系，如图 1-2 所示。

NOSA 五星综合管理系统的核心理念：所有意外均可避免，所有危险均可控制，每项工作均应顾及安全、健康、环保，通过评估查找安全隐患，制定防范措施及预案，落实整改并消除，实现闭环管理和持续改善，把风险切实、有效、可行地降低至可以接受的程度。

3. HSE 管理体系

HSE 管理体系是健康、安全与环境管理体系的简称。HSE 管理体

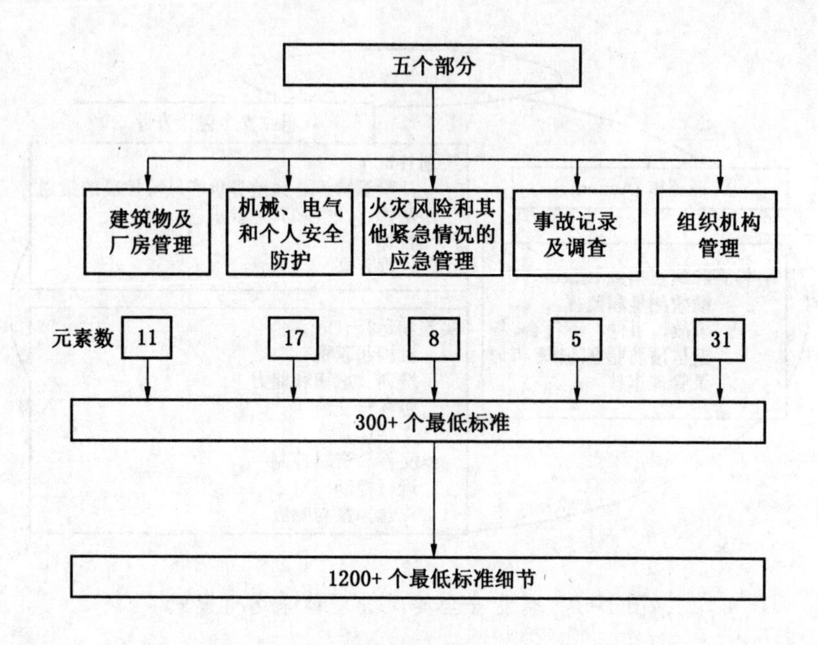

图 1-2　NOSA 五星综合管理系统架构

系基本要素及相关部分分为三大块，即核心和条件部分、循环链部分以及辅助方法和工具部分，每个部分包含若干要素，各要素具有一定的独立性，同时又密切相关，任何一个要素的改变必须考虑到对其他要素的影响，以保证体系的一致性。

HSE 管理体系注重领导承诺、坚持以人为本、体现预防为主、贯穿持续改进、体现全员参与等先进理念。

4. 煤矿安全风险预控管理体系

《煤矿安全风险预控管理体系　规范》（AQ/T 1093—2011）以风险预控管理为核心，以人员不安全行为管理为重点，以生产系统安全要素管理为基础，以 PDCA 循环方法为运行模式，依靠科学的考核评价机制推动体系有效运行。煤矿安全风险预控管理体系实施与运行流程如图 1-3 所示。

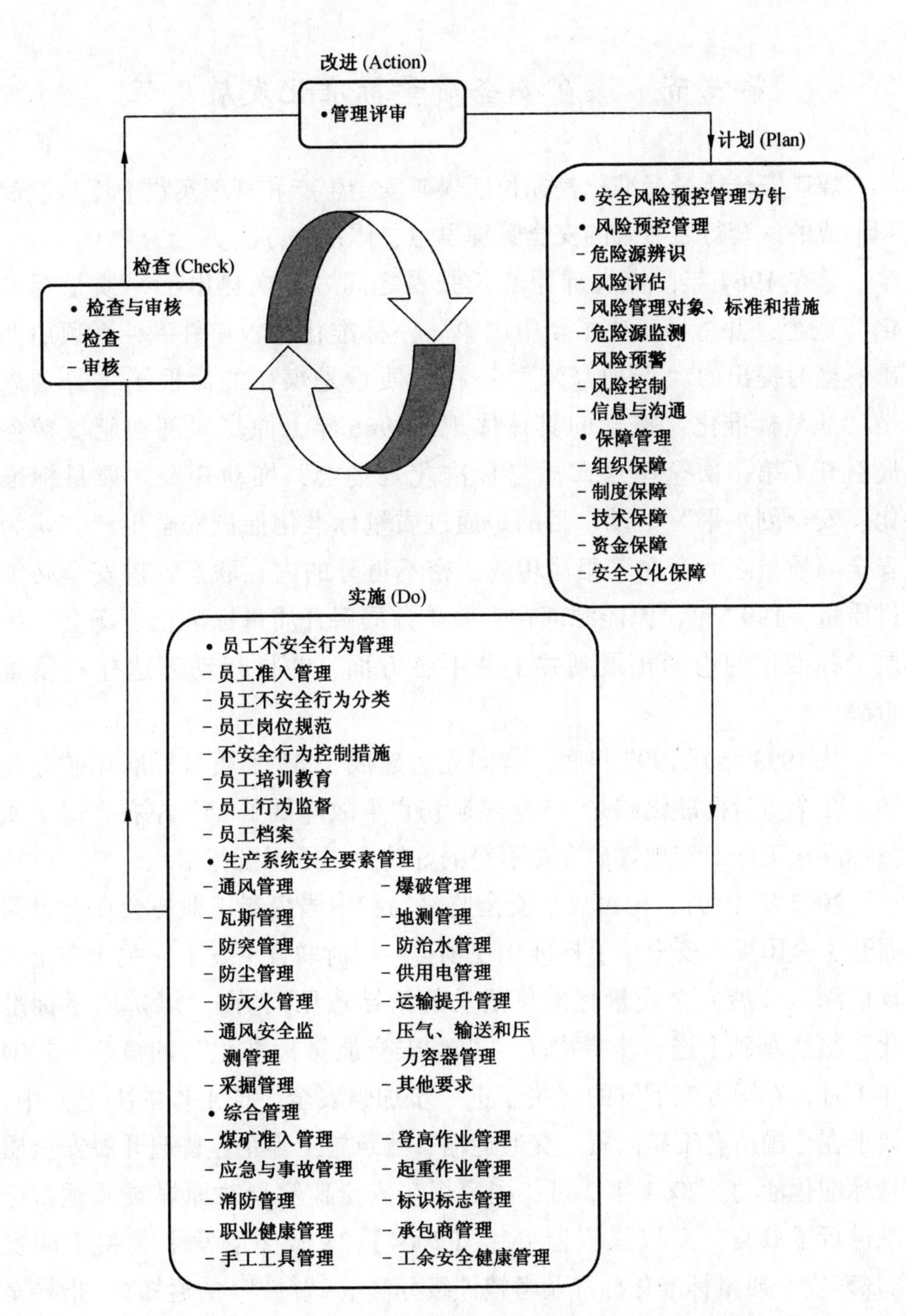

图1-3 煤矿安全风险预控管理体系实施与运行流程

第三节　煤矿安全质量标准化发展历程

煤矿安全质量标准化是在长期煤矿安全生产和管理实践中逐步发展和形成的一套行之有效的安全管理思想、体系和方法。

早在 1964 年，煤炭部原部长张霖之同志首次提出了“质量标准化”概念，并指导建成了新中国第一座标准化样板矿井——平顶山四矿。当时提出的“严把毫米关”和“质量是煤矿的命根子”等理念是“质量标准化”概念的具体体现。1986 年，原煤炭部在肥城矿务局召开了第一次全国煤矿质量标准化现场会，推动开展“质量标准化、安全创水平”活动，目的是通过质量标准化促进安全生产，认为安全与质量之间存在着相辅相成、密不可分的内在联系，讲安全必须讲质量。1992 年，原能源部在大雁矿务局召开质量标准化现场会，将质量标准化的内涵拓展到井上井下各方面，并推行动态达标和质量否决。

从 1993 年到 1997 年底，全国先后建成了 31 个质量标准化矿务局和 872 个质量标准化矿井，5 年煤矿伤亡事故降低了 25% 左右，煤矿质量标准化工作对实现煤矿安全形势的好转发挥了积极作用。

2003 年 10 月，国家煤矿安全监察局和中国煤炭工业协会在七台河召开了全国煤矿安全质量标准化现场会，同时联合下发了《关于在全国煤矿深入开展安全质量标准化活动的指导意见》，在“煤矿质量标准化”概念基础上进一步提出了“煤矿安全质量标准化”的概念。2004 年 1 月，在国务院下发的《关于进一步加强安全生产工作的决定》中，要求在全国所有工矿商贸、交通运输、建筑施工等企业普遍开展安全质量标准化活动。2004 年 2 月，国家煤矿安全监察局对原煤炭部颁布标准进行了修订，并以煤安监办字【2004】24 号文下发了《关于印发“煤矿安全质量标准化标准及考核评级办法（试行）”的通知》，指导全国煤矿开展安全质量标准化活动。2008 年 11 月，全国煤矿安全质量标准化工作座谈会在乌海召开，各地交流了煤矿安全质量标准化创建经验。2009 年 6 月，国家安全生产监督管理总局、国家煤矿安全监察局联合发布了安监总煤行〔2009〕117 号《关于深入持久开展煤矿安全质量标准化工作的指导意见》，同年 8 月，又联合发布了安监总煤行〔2009〕150 号《关于印发“国家级煤矿安全质量标准化煤矿考核办法（试行）”的通知》，加快推进煤矿安全质量标准化工作的深入开展，强化煤矿安全基层基础管理工作。2010 年 9 月 15 日至 10 月 30 日，国家煤矿安全监察局统一部署，在全国组织开展了煤矿安全质量标准化工作专项检查，重点检查各地区煤炭企业煤矿安全质量标准化标准制定、考核评级等执行情况。2013 年 1 月，根据《安全生产法》《国务院关于进一步加强企业安全生产工作的通知》和《国务院安委会关于深入开展企业安全生产标准化建设的指导意见》等法律、法规和规定，国家煤矿安全监察局对煤矿安全质量标准化考核评级办法进行了修订，并以煤安监行管〔2013〕1 号《煤矿安全质量标准化考核评级办法（试行）》予以下发，进一步强化煤矿安全质量标准化工作。

近年来，在积极推进和落实煤矿安全质量标准化工作的同时，一些煤炭企业如神华集团、兖矿集团、淮南矿业集团、平煤神马集团、潞安集团和新汶矿业集团等借鉴国内外先进的安全管理理论和方法，结合自身的安全管理实践，通过管理创新逐渐形成了各具特色的安全管理模式，推动了煤矿安全管理水平的提高。在煤矿安全管理实践中，随着以风险预控为核心的风险管理理论和方法的引进和应用，对煤矿安全质量标准化工作提出了新的要求。2017 年 1 月，国家煤矿安全监察局发布了“关于印发《煤矿安全生产标准化考核定级办法（试行）》和《煤矿安全生产标准化基本要求及评分方法（试行）》的通知”（煤安监行管〔2017〕5 号），用以指导煤矿构建安全风险分级管控和事故隐患排查治理双重预防性工作机制，进一步强化煤矿安全基础，提升安全保障能力。

第四节　定 义 和 术 语

一、煤矿安全风险分级管控内涵

煤矿安全风险分级管控，是指煤矿根据其生产条件和工艺特点，采用科学的安全风险辨识程序和方法，对生产和运营系统中存在的安全风险进行辨识；在此基础上，选择适当的风险评估方法对风险的大小进行评价，确定安全风险等级和管控重点；根据风险等级的高低和安全风险特点，从组织、制度、技术、资金、应急等方面制定相应的风险管控策略和保障措施，实现对煤矿安全风险的分级管理和控制，强化对重大安全风险的管控力度，遏制重特大事故的发生。

在新版《煤矿安全生产标准化基本要求及评分方法（试行）》中，增加了“风险分级管控”章节和内容，并将其定位为防范和遏制重特大事故的重要方法和手段。在本次煤矿安全生产标准化考核新增“风险分级管控”部分时，强调立足于煤矿安全管理实际，确定分阶段构建风险管控机制的思路，现阶段的任务是初步建立风险分级管控体系，从树立安全风险意识和落实管理层管控责任入手，分步骤推进安全风险分级管控工作。因此，现阶段煤矿安全风险分级管控具有以下特点：

（1）通过组织和制度建设，明确煤矿决策和管理层职责，强化决策和管理层责任，确定矿长是安全风险分级管控体系建设的第一责任人。

（2）要求建立包括矿长、总工程师、分管负责人等矿级管理层组织开展安全风险辨识的“1+4 工作模式”，即 1 次年度辨识和 4 项专项辨识，明确了风险辨识的频度、范围和重点。

（3）要求建立矿长、分管负责人安全风险定期检查分析和安全风险辨识评估结果应用机制。特别要求重大安全风险有专门的管控方案，管控责任明确，人员、资金有保障，对一般风险未作强制规定。重视现场检查，强调跟踪重大安全风险管控措施的落实情况，实现对可能造成群死群伤的重大安全风险的管理和控制。

(4) 强调信息化手段和安全风险知识培训在煤矿安全风险分级管控工作中的作用，要求煤矿根据实际情况选择适当的信息化手段，有针对性地开展安全风险辨识评估技术方法和安全风险辨识评估成果的学习培训工作。

二、常用术语

术语是对某一学科、专业或应用领域内，使用的一般性概念所做的准确而统一的描述，以使人们对某些概念形成共同认识，从而奠定相互交流、相互理解和开展工作的基础。在煤矿安全风险分级管控体系建设中，涉及的一些常用术语需要准确理解和掌握。以下术语及解释来自于《风险管理　术语》（GB/T 23694—2013）和《安全生产风险分级管控体系通则》（DB37/T 2882—2016）。

1. 危险 hazard

潜在伤害的来源。

2. 风险 risk

生产安全事故或健康损害事件发生的可能性和严重性的组合。可能性，是指事故（事件）发生的概率。严重性，是指事故（事件）一旦发生后，将造成的人员伤害和经济损失的严重程度。风险=可能性×严重性。

3. 可接受风险 acceptable risk

根据企业法律义务和职业健康安全方针已被企业降至可容许程度的风险。

4. 重大风险 major risk

发生事故可能性与事故后果二者结合后风险值被认定为重大的风险类型。

5. 风险点 risk site

风险伴随的设施、部位、场所和区域，以及在设施、部位、场所和区域实施的伴随风险的作业活动，或以上两者的组合。

6. 风险识别 risk identification

发现、确认和描述风险的过程。

7. 风险描述 risk description

对风险所做的结构化的表述，通常包括四个要素：风险源、事件、原因和后果。

8. 事件 event

某一类情形的发生或变化。

9. 风险分析 risk analysis

理解风险性质、确定风险等级的过程。

10. 危险源 hazard

可能导致人身伤害和（或）健康损害和（或）财产损失的根源、状态或行为，或它们的组合。

在分析生产过程中对人造成伤亡、影响人的身体健康甚至导致疾病的因素时，危险源可称为危险有害因素，分为人的因素、物的因素、环境因素和管理因素四类。

11. 危险源辨识 hazard identification

识别危险源的存在并确定其分布和特性的过程。

12. 风险评价 risk assessment

对危险源导致的风险进行分析、评估、分级，对现有控制措施的充分性加以考虑，以及对风险是否可接受予以确定的过程。

13. 风险分级 risk classification

通过采用科学、合理方法对危险源所伴随的风险进行定性或定量评价，根据评价结果划分等级。

14. 风险分级管控 risk classification management and control

按照风险不同级别、所需管控资源、管控能力、管控措施复杂及难易程度等因素而确定不同管控层级的风险管控方式。

15. 风险控制措施 risk control measure

企业为将风险降低至可接受程度，针对该风险而采取的相应控制方法和手段。

第二章　工　作　机　制

第一节　工作要求、评分标准和理解要点

一、工作要求

建立矿长为第一责任人的安全风险分级管控体系，明确负责安全风险管控工作的管理部门。

二、评价标准

工作机制建设基本要求和评分方法见表2-1。

表2-1　工作机制建设基本要求和评分方法

项目	项目内容	基本要求	标准分值	评分方法
工作机制（10分）	职责分工	1. 建立安全风险分级管控工作责任体系，矿长全面负责，分管负责人负责分管范围内的安全风险分级管控工作	4	查资料和现场。未建立责任体系不得分，随机抽查矿领导1人不清楚职责扣1分
		2. 有负责安全风险分级管控工作的管理部门	2	查资料。未明确管理部门不得分
	制度建设	建立安全风险分级管控工作制度，明确安全风险的辨识范围、方法和安全风险识别的辨识、评估、管控工作流程	4	查资料。未建立制度不得分，辨识范围、方法或工作流程1处不明确扣2分

三、理解要点

根据煤矿安全领域特别是一线从业人员对安全风险内涵的接受程度，强调逐步分阶段构建安全风险分级管控工作体系，现阶段重在煤矿领导层面落实安全风险管控工作，不增加井下一线工人工作量，率先在煤矿领导班子里树立起安全风险意识，确保领导有职责、管理有机构、工作有制度。

1. 对责任分工的要求。评分标准仅对煤矿领导层的责任分工提出了要求，包括矿长、书记、总工程师、副矿长、副书记、副总工程师等。在评分标准中，未对文本提出要求，因此可以单独建立责任文件，也可以在安全风险分级管控相关制度中规定，也可以在安全生产责任制中补充完善。但应把安全风险辨识评估、安全风险管控和保障措施中所有工作责任落实到煤矿管理层。

2. 对业务管理部门的要求。评分标准要求成立专门的部门，煤矿可根据职责分工，指定部门负责安全风险分级管控工作，并在相关制度或文件中明确。

3. 对安全风险分级管控工作制度的要求。煤矿可根据本单位实际建立一个或多个制度。辨识范围是指对煤矿的哪些区域、系统和工作进行风险识别，尽管评分标准中没有规定范围，但范围一般应该覆盖煤矿所辖区域、涵盖生产和运行活动的所有系统以及全部工作任务。标准中未明确规定风险辨识的方法和工作流程，煤矿可根据本单位实际选择适当的辨识和评估方法，制定工作流程。

第二节　组织机构和职责分配

一、组织机构及职责

为了有效推进煤矿安全风险管控工作，按照《煤矿安全生产标准化基本要求及评分方法（试行)》的要求，煤矿需要建立安全风险分级管控工作责任体系和管理部门。因此，煤矿可以在现有组织机构框架下，组建安全风险分级管控体系建设工作领导小组，并下设体系建设办公室。

领导小组一般由组长、副组长和成员组成。组长由煤矿矿长（经理）担任；常务副组长由安全副矿长（副经理）担任；副组长由总工程师、党委副书记、生产副矿长（副经理)、机电副矿长（副经理)、通风副矿长（副经理)、工会主席等人员担任；成员一般由职能部门负责人、区队长、员工安全代表等人员组成。

体系建设领导小组成员的主要职责：

1. 矿长（经理)

安全风险分级管控体系建设的第一责任人，全面负责安全风险管控体系建立、运行和持续改进。具体负责组织煤矿年度安全风险辨识；负责组织在本矿发生死亡事故或涉险事故、出现重大事故隐患或省内煤矿发生重特大事故后的专项辨识；负责组织重大安全风险管控措施的制定和实施工作；负责组织每月的重大安全风险管控措施落实情况检查、管控效果分析和管控措施完善等工作。

2. 安全副矿长（副经理)

协助矿长（经理）开展安全风险分级管控工作。具体负责监督各专业开展安全风险分级管控工作、重大安全风险管控措施落实情况、风险分级管控工作的公示公告情况以及带班盯岗跟踪重大安全风险管控措施落实情况等工作。

3. 总工程师

负责组织新水平、新（盘）区、新工作面前的专项辨识评估工作。参加煤矿年度安全风险辨识工作；参加在本矿发生死亡事故或涉险事故、出现重大事故隐患或省内煤矿发生重特大事故后的专项辨识工作；参加生产系统、生产工艺、主要设施设备、重大灾害因素等发生重大变化开展的专项评估工作；参加启动火区、排放瓦斯、突出矿井过构造带及石门揭煤等高危作业实施前，新技术、新材料试验或推广应用前，连续停产1个月以上的煤矿复工复产前开展的专项评估；参加重大安全风险管控措施的制定和实施工作等。

4. 其他副矿长（经理）

根据分管专业和业务，负责组织相关业务部门，开展下列工作中所应承担的工作。这些工作包括生产系统、生产工艺、主要设施设备、重大灾害因素等发生重大变化开展的专项评估工作；参加启动火区、排放瓦斯、突出矿井过构造带及石门揭煤等高危作业实施前，新技术、新材料试验或推广应用前，连续停产1个月以上的煤矿复工复产前开展的专项评估；重大安全风险管控措施的制定和实施工作；每旬对分管范围内月度安全风险管控重点措施实施情况的检查、分析和完善；带班盯岗跟踪重大安全风险管控措施落实情况等。参加矿长和总工程师负责组织的相关工作。

5. 党委副书记

负责安全风险分级管控工作的组织保障工作，参与相关业务工作和带班盯岗跟踪重大安全风险管控措施落实情况等。

6. 工会主席

负责安全风险分级管控工作的宣传教育，督导相关单位及时公示重大安全风险内容和管控措施等相关工作。

体系建设办公室的职责：

（1）制定“安全风险分级管控”工作制度，拟定具体实施方案，确定安全风险分级管控工作流程，明确层级责任和考核奖惩办法。

（2）结合煤矿实际，选择安全风险辨识、评估的程序和方法，组织相关理论、方法和技术等的培训工作。

（3）指导、督促各部门、区（队）开展安全风险辨识、评估、分级以及风险管控措施的制定工作。

（4）组织编写重大风险清单和年度安全风险辨识评估报告，组织制定重大风险管控措施。

（5）组织对煤矿安全风险分级管控工作实施情况的检查和考核工作，组织撰写检查报告，提出持续改进方案。

（6）承办上级部门和煤矿安全风险分级管控体系建设领导小组交办的其他相关工作。

二、部门职责划分

为了保证煤矿安全风险分级管控过程职责清楚、任务明确，需要按照过程方法，对整个管控流程进行梳理，确定过程步骤，每个步骤的执行单位和执行准则，以及执行后应保留的记录等。

为了避免机构、部门重复和职能交叉，在进行职能分配时，一般应遵循下述原则：

（1）合理分工。在对职能部门职责划分时，需要明确管控过程每个步骤的具体工作到底由哪个职能部门负责，哪个部门配合，哪个领导分管。要保障要素的运行职责和部门的职能相对应，切实做到分工合理。

（2）加强协作。风险控制过程不是孤立的，而是相互联系、相互制约、相辅相成的。因此，控制措施的落实需要多个相关部门的互相配合。这些部门既有具体措施的实施部门，又有其运行的监督部门；既有具体措施的主管部门，又有配合实施的相关部门。任何风险控制措施的落实都需要有实施、控制及监督等环节。这需要在合理分工的基础上，构建部门间的合作机制。

（3）明确定位。对确定了责任的主管部门和相关部门，需要进一步将执行的责任落实到具体岗位，让执行的员工清楚自己在风险控制过程中的任务。

（4）赋予权限。通过建立责任制度，明确风险分级管控体系中相关部门和岗位的职责。

在职责划分时，应与《煤矿安全生产标准化基本要求及评分方法（试行）》的要求相结合。一般而言，煤矿部门职能的分配要覆盖所有要求。具体可参考表2-2进行职责划分。

表 2-2 CAS 煤矿安全风险分级管控职能分配表

依据标准（煤矿安全生产标准化基本要求及评分方法）	单位或岗位（编号）																					
	管理层								职能部室						基层单位							
	A01	A02	A03	A04	A05	A06	A07	A08	B01	B02	B03	B04	B05	B06	C01	C02	C03	C04	C05	C06	C07	C08
	矿长（党委书记）	副矿长（安全）	副矿长（生产）	副矿长（机电）	副矿长（通风）	党委副书记	总工程师	工会主席	综合办公室	体系建设办公室	经营办	安监处	生产办	工会	综采队	连采队	配采队	生产调度中心	机电信息中心	机电队	通风队	运转队
1 工作机制																						
1.1 职责分工																						
1.1.1 责任体系建立	★	■	■	■	■	■	■	■	●		△	△	△	△								
1.1.2 体系建设管理部门组建	★	■							●		△	△	△	△								
1.2 安全风险分级管控制度建设	★	■	■	■		■	■	■	△	●	△	△	△	△								
2 安全风险辨识评估																						
2.1 年度辨识评估	★	■	■	■	■	■	■	■	△	●	△	△	△	△	●	●	●	●	●	●	●	●
2.2 专项辨识评估																						
2.2.1 新水平、新采（盘）区、新工作面设计前开展的专项评估	■	■	■	■	■	■	★		△	●	△	△	△		●	●	●	●	●	●	●	●

表 2-2（续）

依据标准（煤矿安全生产标准化基本要求及评分方法）	单位或岗位（编号）																					
	管理层								职能部室						基层单位							
	A01	A02	A03	A04	A05	A06	A07	A08	B01	B02	B03	B04	B05	B06	C01	C02	C03	C04	C05	C06	C07	C08
	矿长（党委书记）	副矿长（安全）	副矿长（生产）	副矿长（机电）	副矿长（通风）	党委副书记	总工程师	工会主席	综合办公室	体系建设办公室	经营办	安监处	生产办	工会	综采队	连采队	配采队	生产调度中心	机电信息中心	机电队	通风队	运转队
2.2.2 生产系统、生产工艺、主要设施设备、重大灾害因素等发生重大变化开展的专项评估	■	★	★	★	★	■	■		△	●	△	△	△		●	●	●	●	●	●	●	●
2.2.3 启动火区、排放瓦斯、突出矿井过构造带及石门揭煤等高危作业实施前，新技术、新材料试验或推广应用前，连续停产1个月以上的煤矿复工复产前开展的专项评估	■	★	★	★	★	■	■		△	●	△	△	△		●	●	●	●	●	●	●	●
2.2.4 发生死亡事故或涉险事故、出现重大事故隐患或所在省份发生重特大事故后，开展的专项评估	★	■	■	■	■	■	■		△	●	△	△	△		●	●	●	●	●	●	●	●

表 2-2（续）

依据标准（煤矿安全生产标准化基本要求及评分方法）	单位或岗位（编号）																					
	管理层								职能部室						基层单位							
	A01 矿长（党委书记）	A02 副矿长（安全）	A03 副矿长（生产）	A04 副矿长（机电）	A05 副矿长（通风）	A06 党委副书记	A07 总工程师	A08 工会主席	B01 综合办公室	B02 体系建设办公室	B03 经营办	B04 安监处	B05 生产办	B06 工会	C01 综采队	C02 连采队	C03 配采队	C04 生产调度中心	C05 机电信息中心	C06 机电队	C07 通风队	C08 运转队
3　安全风险管控																						
3.1　管控措施																						
3.1.1　重大安全风险管控措施	★	■	■	■	■	■	■		△	●	△	△	△	△	●	●	●	●	●	●	●	●
3.1.2　在划定得重大风险区域设定作业人数上限	★	■	■	■	■	■	■	■	△	●	△	△	△	△	●	●	●	●	●	●	●	●
3.2　定期检查																						
3.2.1　矿长每月组织对重大安全风险管控措施落实情况进行一次检查分析	★	■	■	■	■	■	■	■	△	●	△	△	△	△	●	●	●	●	●	●	●	●
3.2.2　分管负责人每旬组织对分管范围内月度安全风险管控重点情况进行一次检查分析	■	★	★	★	★	■	★	■	△	●	△	△	△	△	●	●	●	●	●	●	●	●
3.3　现场检查	★	★	★	★	★	★	★	★	△	●	△	△	△	△	●	●	●	●	●	●	●	●

表 2-2（续）

依据标准（煤矿安全生产标准化基本要求及评分方法）	单位或岗位（编号）																					
	管理层								职能部室						基层单位							
	A01	A02	A03	A04	A05	A06	A07	A08	B01	B02	B03	B04	B05	B06	C01	C02	C03	C04	C05	C06	C07	C08
	矿长（党委书记）	副矿长（安全）	副矿长（生产）	副矿长（机电）	副矿长（通风）	党委副书记	总工程师	工会主席	综合办公室	体系建设办公室	经营办	安监处	生产办	工会	综采队	连采队	配采队	生产调度中心	机电信息中心	机电队	通风队	运转队
3.4　在井口或存在重大安全风险区域的显著位置，公告存在的重大安全风险、管控责任人和主要措施		★				■		■	△	●					●	●	●	●	●	●	●	●
4　保障措施															●	●	●	●	●	●	●	●
4.1　信息管理	■	■	■	★	■	■	■	■	△	●	△	△	△	△	△	△	△	△	●	△	△	△
4.2　教育培训																						
4.2.1　入井（坑）人员和地面关键人员安全培训	■	★	■	■	■	■	●	△		●	△	△	△	△	●	●	●	●	●	●	●	●
4.2.2　每年至少组织参与安全风险辨识评估人员进行1次安全风险辨识评估技术培训	■	★	■	■	■	■	■	■	△	●	△	△	△	△	●	●	●	●	●	●	●	●

备注：★为负责人，■为协助人，●为负责部门，△协助部门

在2.2.2、2.2.3、3.2.2和3.3中，根据煤矿具体项目或事务的负责人确定负责人。

煤矿可根据本单位的实际情况，制定更详细的责任体系，并以文件或制度的形式下发执行。

煤矿安全风险分级管控责任体系文件的编写可参照《CAS煤矿安全风险分级管控责任体系》（案例1）的结构、内容和形式。

案例1：

CAS煤矿安全风险分级管控责任体系

第一条 按照国家《煤矿安全生产标准化基本要求及评分方法》中“煤矿安全风险分级管控标准化评分表”的规定，为了深入推进安全风险分级管控工作，明确各级领导安全风险分级管控责任，特制定本体系。

第二条 “安全风险分级管控”组织机构

一、成立“安全风险分级管控”工作领导小组

组长：矿长

副组长：党委副书记、总工程师、副矿长、工会主席

专业组长：总工程师、副矿长

成员：人力资源部负责人、安全管理部负责人、生产技术部负责人、机电运输部负责人、财务部负责人以及基层各单位负责人

二、领导小组职责

1. 矿长对公司安全风险分级管控工作全面负责。

2. 总工程师及副矿长负责分管范围的安全风险分级管控工作。

3. 安全管理部是安全风险分级管控工作的管理部门，负责煤矿安全风险分级管控全面和日常管理工作。

4. 专业组长负责本专业及相关单位安全风险分级管控工作的组织和实施。

第三条 各级领导安全风险分级管控工作责任分工

矿长负责煤矿安全风险分级管控的全面工作。负责组织全矿年度安

全风险辨识；负责组织煤矿在本矿发生死亡事故或涉险事故、出现重大事故隐患，省内煤矿发生重特大事故后的专项辨识；负责组织月度安全风险管控工作分析；负责组织实施重大安全风险管控措施。

党委书记负责煤矿安全风险分级管控的全面领导工作，督导考核各专业认真开展安全风险分级管控工作、落实风险管控措施。

党委副书记负责安全风险分级管控工作的组织保障和培训工作，领导人力资源部确保重大风险管控工作的人力资源保障和风险辨识技术培训，督导管技干部的带班盯岗工作。

工会主席负责安全风险分级管控工作的宣传教育，督导相关单位及时公示重大安全风险内容和管控措施。

总工程师负责通防专业、防治水专业的安全风险分级管控工作，参加通防专业、防治水专业的年度安全风险辨识；开展采区、采面设计前、系统工艺等重大变化前、启封火区、排放瓦斯、过大型构造带的专项辨识；每旬组织一次通防、防治水专业的安全风险分级管控工作分析；带班盯岗重点检查重大安全风险措施落实。

生产副矿长负责采掘专业的安全风险分级管控工作，参加采掘专业的年度安全风险辨识；生产系统、生产工艺、重大灾害因素等发生重大变化时开展专项辨识；每旬组织一次采掘专业安全风险分级管控工作分析；带班盯岗重点检查重大安全风险措施落实。

准备副矿长负责开拓、运输专业的安全风险分级管控工作，参加开拓、运输专业的年度安全风险辨识；生产系统、生产工艺、重大灾害因素等发生重大变化时开展专项辨识；每旬组织一次开拓运输专业安全风险分级管控工作分析；带班盯岗重点检查重大安全风险措施落实。

机电副矿长负责机电专业的安全风险分级管控工作，参加机电专业的年度安全风险辨识；主要设施设备、重大灾害因素等发生重大变化时、新技术、新材料试验或推广应用前开展专项辨识；每旬组织一次机电专业安全风险分级管控工作分析；带班盯岗重点检查重大安全风险措施落实。

经营副矿长负责地面专业的安全风险分级管控工作，参加地面专业的年度安全风险辨识；确保重大风险管控措施资金的落实；每旬组织一次地面专业安全风险分级管控工作分析；带班盯岗重点检查重大安全风险措施落实。

安全副矿长协助矿长开展安全风险分级管控工作，负责监督各专业开展安全风险分级管控工作；督导重大安全风险管控措施的落实；督导风险分级管控工作的公示公告；带班盯岗重点检查重大安全风险措施落实。

采掘副总工程师在生产副矿长的领导下负责实施采掘专业的安全风险分级管控工作，开展采掘专业的年度安全风险辨识；参加相关的安全风险专项辨识；每旬参加一次采掘专业安全风险分级管控工作分析；带班盯岗重点检查重大安全风险措施落实。

开拓副总工程师在准备副矿长的领导下，负责开拓、运输专业的安全风险分级管控工作，开展开拓、运输专业的年度安全风险辨识；参加相关的安全风险专项辨识；每旬参加一次开拓、运输专业安全风险分级管控工作分析；带班盯岗重点检查重大安全风险措施落实。

机电副总工程师在机电副矿长的领导下，负责机电专业的安全风险分级管控工作，开展机电专业的年度安全风险辨识；参加相关的安全风险专项辨识；每旬参加一次机电专业安全管控工作分析；带班盯岗重点检查重大安全风险措施落实。

地测副总工程师在总工程师的领导下，负责地测专业的安全风险分级管控工作，开展地测防治水专业的年度安全风险辨识；参加相关的安全风险专项辨识；每旬参加一次地测防治水专业安全风险分级管控工作分析；带班盯岗重点检查重大安全风险措施落实。

通风副总工程师在总工程师的领导下，负责通风专业的安全风险分级管控工作，开展通风专业的年度安全风险辨识；参加相关的安全风险专项辨识；每旬参加一次通风专业安全风险分级管控工作分析；带班盯岗重点检查重大安全风险措施落实。

规划副总工程师在总工程师的领导下，负责采区、采面设计前、系统工艺等重大变化前的专项辨识工作；带班盯岗重点检查重大安全风险措施落实。

安全管理部主任负责安全风险分级管控的全面管理工作。

第四条 各职能部门安全风险管控工作责任分工

生产技术部在矿长的组织下，在总工程师、分管副矿长和副总工程师的领导下，开展安全风险年度评估和专项评估，参加专业每旬一次安全风险分级管控工作分析。负责矿领导的下井带班安排。

机电运输部在矿长的组织下，在总工程师、分管副矿长和副总工程师的领导下，开展机电专业安全风险年度评估和专项评估，开展专业每旬一次安全风险分级管控工作分析。

人力资源部负责开展安全风险辨识评估知识培训，检查各级管技人员带班盯岗情况。

安全管理部负责安全风险分级管控工作的全面管理，督导安全风险管控措施的落实，负责重大安全风险的公示公告。

财务部负责安全风险管控资金的落实工作。

第五条 各基层单位安全风险管控工作责任分工

参加全矿及本专业的安全风险辨识评估，组织本单位的月份风险辨识评估，制定本单位各岗位的风险管控清单，严格落实带班定岗制度，负责涉及本单位的安全风险管控措施的落实和督导工作。

CAS 煤矿

2018 年××月××日

第三节 制 度 建 设

煤矿安全风险分级管控体系的建立、运行和持续改进需要科学的工作程序和完善的管理制度做保障。

程序规定相应过程控制的目的、范围、职责、控制内容、方法和步骤，以保证各个过程功能的实现。

管理制度规定相关业务内容、职责范围、工作程序、工作方法和必须达到的工作质量、考核奖惩办法等。

在煤矿安全风险分级管控体系建设中，煤矿需根据项目内容和具体要求，编制相应的程序文件和管理制度，同时在具体工作中需要制定技术标准、操作标准、各类台账、检查表和相关记录等，具体清单可参考表2-3。

在煤矿安全风险分级管控体系建设的初期，为了尽快开展相关工作，煤矿可根据自身实际制定一项安全风险分级管控制度，涵盖体系建设的基本要求，可参考案例2。随着安全风险分级管控工作的开展，在取得一定实践经验和深化对相关要求理解基础上，可以根据管理需要，选择制定表2-3所示的相关程序文件、管理制度以及支持性文件。

表2-3　安全风险分级管控典型程序和制度清单

项目	程序	制度	基本标准或记录
一、工作机制	1. 安全风险分级管控工作程序 2. 文件控制程序 3. 记录控制程序	1. 安全责任制度 2. 部门职责分配制度 3. 体系建设关键角色选择和任命办法 4. 文件和记录编写和管理办法	1. 会议记录 2. 会议纪要
二、安全风险辨识评估	1. 风险辨识评估管理程序 2. 重大风险管控措施制定程序	1. 安全风险年度和专项辨识评估管理办法 2. 年度安全风险辨识评估报告编写办法	1. 风险辨识、调查表 2. 风险评估表 3. 工作活动、设备、矿井系统、工作区域调查表
三、安全风险管控	安全风险监测、监控和控制程序	1. 重大安全风险管控措施编制和实施办法 2. 安全风险监测和检查制度	1. 安全风险等级划分标准 2. 重大安全风险管控措施落实情况检查记录 3. 重大安全风险专题会议纪要 4. 风险监测、预警记录

表 2-3（续）

项目	程序	制度	基本标准或记录
四、保障措施	1. 安全管理信息系统实施运行程序 2. 员工培训控制程序	1. 安全风险分级管控信息化管理实施办法 2. 员工教育与培训管理办法	1. 信息系统维护记录 2. 各类报表 3. 员工培训计划

案例 2：

CAS 煤矿安全风险分级管控制度

第一章 总 则

第一条 按照国家《煤矿安全生产标准化基本要求及评分方法》（以下简称“标准”）的要求，为全面辨识和管控煤矿生产和运营系统中可能存在的容易引发重特大事故的危险因素，提升安全保障能力，扎实推进安全风险分级管控工作，持续提升煤矿安全管理水平，杜绝重大事故发生，特制定本制度。

第二条 在全面落实安全生产责任制的基础上，按照“谁主管，谁负责”原则，煤矿各级领导认真履行各自职责，落实安全责任，积极做好分管范围内的安全风险辨识和管控工作。

第三条 按照“标准”的要求，建立“分工明确、上下协同、专业配合、共同防御”的安全风险辨识和管控体系，明确各级机构与各级人员的职责，建立安全风险辨识和管控工作流程与评价标准，根据安全风险类别与等级，落实管控和应急措施，预防和遏制重特大事故。

第二章 安全风险辨识范围、方法及工作流程

第四条 安全风险辨识范围

根据“标准”的要求，煤矿安全风险辨识分为年度辨识和专项

辨识。

1. 年度辨识范围

重点对水、火、瓦斯、煤尘、顶板灾害及矿井的通风系统、提升运输系统、供电系统、排水系统、地面生产系统和生活系统开展安全风险辨识。

2. 专项辨识范围

(1) 新水平、新采（盘）区、新工作面设计前，重点对地质条件和重大灾害因素等方面存在的安全风险进行辨识。

(2) 生产系统、生产工艺、主要设施设备、重大灾害因素等发生重大变化时，重点对作业环境、重大灾害因素和设施设备运行等方面存在的安全风险进行辨识。

(3) 启封火区、排放瓦斯、突出矿井过构造带及石门揭煤等高危作业实施前，新技术、新材料试验或推广应用前，矿井连续停工停产1个月以上复工复产前，重点对作业环境、工程技术、设备设施、现场操作等方面存在的安全风险进行辨识。

(4) 本矿发生死亡事故或涉险事故、出现重大事故隐患，或所在省份煤矿发生重特大事故后，重点对安全风险辨识结果及管控措施是否存在漏洞、盲区进行辨识。

第五条　安全风险辨识评估与分级方法

根据煤矿生产状况及参加辨识评估人员的能力和水平，采用以下方法：

1. 安全风险辨识采用作业分析法和故障树分析法

工作任务分析是事先或定期对某项工作任务进行风险分析，并根据分析结果制定和实施相应的控制措施，达到最大限度消除或控制风险的方法。该方法通过对工作过程的逐步分析，确定有危险的工作步骤，识别每个步骤潜在的风险。

故障树是一种演义的系统安全分析法，是对既定的生产系统或作业中可能出现的事故条件及可能导致的灾害后果，按工艺流程、先后次序和因果关系绘成程序方框图，表示导致灾害、伤害事故的各种因素间的逻辑关系。它由输入符号或关系符号组成，用以分析系统的安全问题或系统的运行功能问题，判明灾害、伤害的发生途径及事故因素之间的关系。

2. 安全风险评估与分级采用作业条件危险性评价法

作业条件危险性评价法用与系统风险有关的三种因素指标值的乘积来评价操作人员伤亡风险大小（方法具体流程和标准参见第三章）。根据作业条件危险性评价法设定的标准，对安全风险等级进行评定。重大风险由矿长负责管控，较大风险由分管副矿长或总工程师负责管控，一般风险由区队长负责管控，低风险由班组长和岗位人员负责管控。

第六条　安全风险的辨识评估和管控工作流程

1. 年度安全风险辨识和评估流程

矿长召开年度风险辨识评估工作会议。明确责任分工、工作要求、时间节点等→各分组召开会议。召集人员、责任分工、学习风险管控制度及风险辨识评估技术→各组收集基础资料→各组开展风险源辨识→各组进行风险评估→各线提出评估报告→风险管控部门（安全管理部）整理并汇总风险评估报告→矿长召开会议对风险评估报告进行审定。提出重大风险清单、制定重大风险管控措施、明确重大风险管控资金来源、划分重大风险区域、确定重大风险区域人数作业人数上限→风险管控部门（安全管理部）修改完善并形成正式的矿井年度安全风险评估报告。

2. 专项安全风险辨识和评估流程

分管负责人召集会议，布置工作任务→开展专项安全风险辨识→对安全风险进行评估定级→补充重大风险清单（如有）→制定管控措施→形成专项安全风险辨识评估报告。

3. 安全风险管控工作流程

重大风险：矿长年底组织下一年度安全风险辨识评估→每月召开风

险管控工作会议→各分组汇报风险管控工作情况→矿长总结分析当月的风险管控工作→布置下月的管控重点。

较大风险：分管负责人每季度组织本专业风险辨识评估→制定本专业季度风险管控清单→每旬召开风险管控工作会议→各单位汇报风险管控工作情况→分管负责人总结分析当旬的风险管控工作→布置下阶段管控重点。

一般风险：区队领导每月召开风险管控工作会议→确定本单位当月风险管控重点→制定月份风险清单和管控措施→带班盯岗落实风险管控措施。

低风险：岗位人员对照规范操作卡中的风险辨识内容，每班在工作过程中认真落实管控措施。

第三章　安全风险辨识评估

第七条　年度安全风险辨识评估

由矿长组织，各相关专业副矿长、总工程师、副总工程师负责实施。年度评估在每年年底前进行，按照年度安全风险辨识评估范围分组进行，由安全管理部负责汇总，经矿长召开会议审定后形成正式报告，相关资料存档备查。

第八条　专项辨识评估

(1) 新水平、新采区、新工作面设计前的安全风险专项辨识评估由总工程师负责组织，规划副总工程师、生产技术部和机电运输部负责人及相关人员参加。重点辨识地质条件和重大灾害因素等方面存在的安全风险，补充完善重大风险清单和管控措施，根据辨识结果对设计方案进行完善，指导生产工艺选择、生产系统布置、设备选型、劳动组织确定。

(2) 生产系统、生产工艺、主要设施设备、重大灾害因素等发生重大变化时的安全风险专项辨识由专业副矿长负责组织，相关专业副总工程师、生产技术部负责人、机电运输部负责人、基层单位负责人及相关人员参加，重点对作业环境、重大灾害因素和设施设备运行等方面存在的安全风险进行辨识，辨识结果用于指导重新编制或修订完善作业规程、操作规程。

(3) 启封火区，排放瓦斯，过大型构造带，新技术、新材料试验或推广应用前，矿井连续停工停产一个月以上在复工复产前的安全风险专项辨识由总工程师和分管副矿长组织，专业副总工程师、生产技术部负责人、机电运输部负责人、基层单位负责人和相关人员参加。重点对作业环境、工程技术、设备设施、现场操作等方面存在的安全风险进行辨识，辨识结果用于指导修订完善设计方案、作业规程、操作规程、安全技术措施等技术文件。

(4) 本矿发生死亡事故或涉险事故、出现重大事故隐患，省内煤矿发生重特大事故后的安全风险专项辨识由矿长组织，总工程师、相关专业副矿长、副总工程师、生产技术部负责人、机电运输部负责人、基层单位负责人和相关人员参加。重点对安全风险辨识结果及管控措施是否存在漏洞、盲区进行辨识，辨识结果用于指导修订完善设计方案、作业规程、操作规程、安全技术措施等技术文件。

专项辨识完成后，要形成风险评估报告、风险清单，制定管控措施，重大风险要补充到矿井重大风险清单中，相关资料存档备查。

第四章　安全风险管控

第九条　重大风险由矿长负责管控，较大风险由分管副矿长、总工程师负责管控，一般风险由相关区队长负责管控，较低风险由班组长、岗位员工负责管控。

第十条　每月第一个安委会会议由矿长组织进行上月度安全风险管控工作分析，布置本月安全风险管控重点，综合办公室负责做好会议记录，并以会议纪要的形式上网发布。

第十一条　每旬由专业副矿长、副总工程师组织进行一次本专业风险管控重点实施情况的检查分析，并撰写分析评估报告，改进完善风险管控措施，分析评估报告及管控措施改进情况要存档备查。

第十二条 严格落实领导带班制度，领导带班要重点检查重大风险管控措施的落实情况，发现问题督促相关专业进行整改，并做好相关记录。

第十三条 安全管理部负责，对重大安全风险、管控责任人、主要管控措施在井口大屏幕进行公示。

第十四条 各相关专业要定期完善安全风险清单并制定相应的管控方案及管控措施。

第十五条 各专业要将安全风险辨识评估结果应用于指导生产计划、作业规程、操作规程、灾害预防与处理计划、应急救援预案以及安全技术措施等技术文件的编制和完善。

第十六条 由矿长组织实施重大安全风险管控措施，制定专门的管控方案，明确管控责任，明确人员、技术、资金的保障措施。

第五章 保 障 措 施

第十七条 由安全管理部、各专业副总工程师负责将安全风险管控信息上传安全信息网。

第十八条 由专业组织，基层单位负责对井下及地面关键岗位人员进行安全培训，重点对年度和专项安全风险辨识评估结果及与岗位相关的重大安全风险管控措施等进行培训。

第十九条 培训科负责组织安全风险辨识评估工作人员每年参加1次安全风险辨识评估技术学习，并留有培训相关资料。

第六章 考 核

第二十条 对副矿长、总工程师、专业副总工程师的考核由矿党委书记、矿长负责，不能按时完成安全风险辨识评估、不按时间要求组织风险管控分析的，扣减一个月效益工资的30%；带班盯岗不对相关重大风险管控措施进行追踪落实的，每次考核扣减200元。

第二十一条 对各专业、部门、区科的安全风险辨识管控工作考核按《CAS煤矿安全管理考核办法》相关条款执行。

第七章 附 则

第二十二条 本制度由矿安全风险分级管控体系建设领导小组负责解释。

第二十三条 本制度自2018年××月××日开始实施。

第四节 安全风险分级管控基本流程

风险辨识、评估及风险管控措施的制定和实施是安全风险分级管控的主要工作内容。通过风险识别，确定管控对象；通过风险评估确定管控重点，通过管控策略和措施的制定，确定如何做和如何管理。为了保证风险辨识和评估的全面性、系统性、有效性以及风险控制措施的科学性，制定合理的工作流程、选择适合的辨识和评估方法至关重要。

通常煤矿安全风险分级管控工作过程可以按照准备、风险辨识、风险评估、重大风险分析和管控重点确定、风险控制方案与计划制定、监测检查和改进等步骤进行。其基本流程如图2-1所示。

准备阶段：具体包括安全风险辨识和评估工作组组建、范围确定、计划制定、方法选择、技术和方法培训以及相关资料收集等工作。

风险辨识：具体包括辨识单元划分、危险/危害因素识别、危险/危害事件识别、危险/危害事件原因分析等具体工作。

风险评估：针对辨识出的危险有害因素，利用选定的评估方法，分析其可能导致事件/事故发生的可能性和后果严重程度，并进行风险排序。

重大风险分析和管控重点确定：对通过风险评估所确定的具有高风险的重点区域、活动及其他项目进行详细的评估研究，分析具体区域、项目的风险，确定管控的重点。

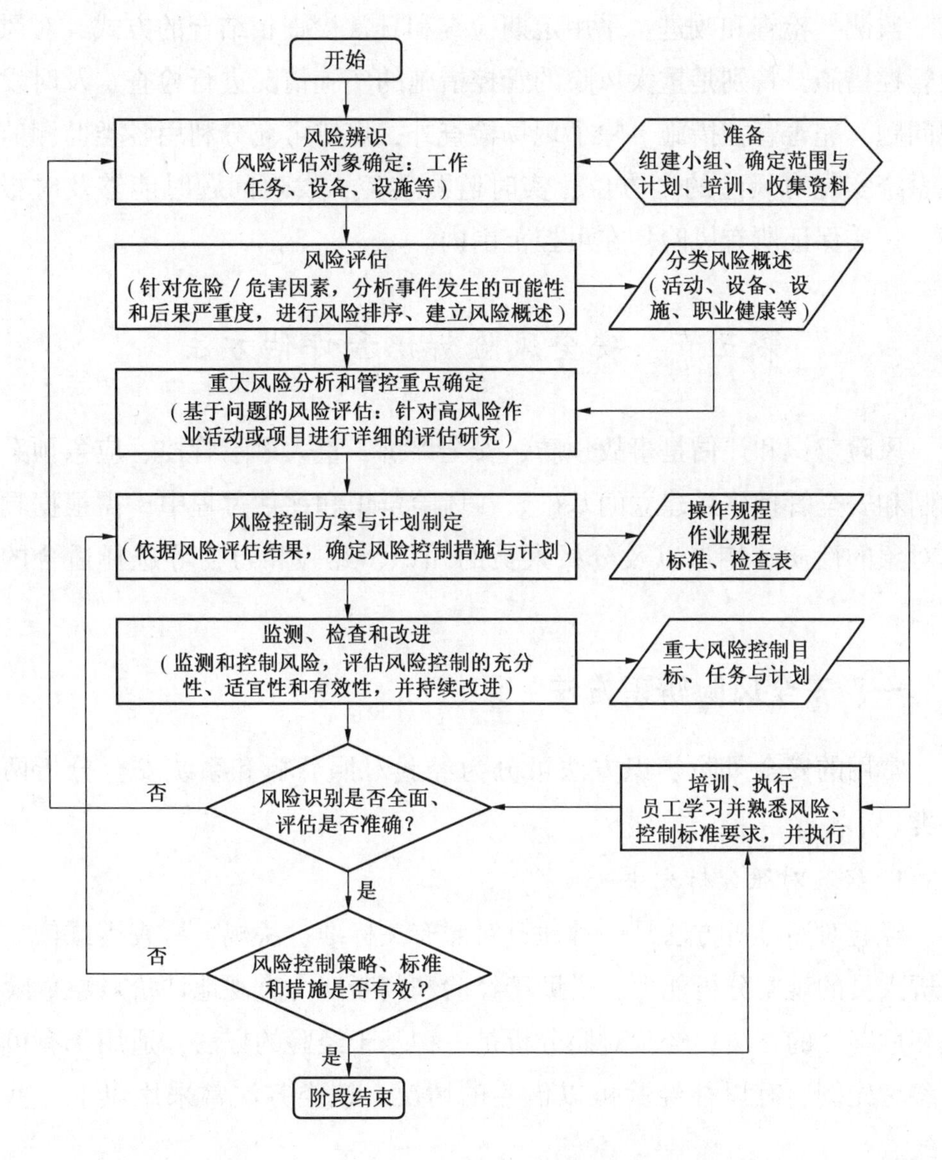

图 2-1　煤矿安全风险分级管控基本流程图

风险控制方案与计划制定：针对确定的重大风险，根据国家的法律法规、作业规程、操作规程等，有针对性地制定风险的控制措施和计划。措施包括技术措施、工作措施和管理措施，措施确保能够消除、降低或转移风险，最终实现对风险的有效控制。

监测、检查和改进：采用定期检查和日常检查相结合的方式，对风险管控措施，特别是重大风险的管控措施的实施情况进行检查，及时发现问题，完善管控措施。除了现场检查外，煤矿可充分利用各类监测监控系统实现对风险的全方位、实时监测监控，发现问题时能够及时报警，切实保证所有风险均在可控范围内。

第五节　安全风险辨识和评估方法

风险辨识和评估是事故预防、安全评价、重大风险管控、应急预案编制和安全管理体系建立的基础。在风险辨识和评估过程中，需根据具体对象的性质、特点以及分析人员的知识、经验和习惯等选择适合的方法。

一、安全风险辨识方法

常用的安全风险辨识方法可分为经验对照分析和系统安全分析两大类。

1. 经验对照分析方法

经验对照分析方法是一种通过对照有关标准、法规、检查表或依靠分析人员的观察分析能力，借助于经验和判断能力直观地评价对象危险性和危害性的方法。经验对照分析是一种基于经验的方法，适用于有可供参考先例、有以往经验可以借鉴的情况。该类方法常采用以下一些方式。

1）工作任务分析

工作任务分析是事先或定期对某项工作任务进行风险分析，并根据分析结果制定和实施相应的控制措施，达到最大限度消除或控制风险的方法。该方法通过对工作过程的逐步分析，确定有危险的工作步骤，识别每个步骤潜在的风险，并针对风险提出管理和控制的对策措施，在此基础上，对风险进行控制和预防。工作任务分析可按如下步骤进行：

第一步：工作任务的选择；

第二步：将工作任务分解为具体工作步骤；

第三步：识别每个步骤中的危险有害因素及其风险；

第四步：确定风险控制和预防措施；

第五步：编制书面安全工作程序（WSWP）。

对于一个具体煤矿，可以按照某种原则将其所涉及的工作活动划分为具体的工作任务对象，围绕具体工作任务对象识别风险。煤矿可以以区队、班组为单位进行工作任务分析。

2）类比分析

利用相同或相似系统、作业条件的实践经验和安全生产事故的统计资料来类推、分析评价对象的危险因素。一般多用于作业条件危险因素的识别过程。

3）查阅相关记录

查阅煤矿过去与职业安全健康安全相关的记录，可获得煤矿的一些危险有害因素信息，特别是煤矿的事件、事故等有关记录会直接反映煤矿的主要危险有害因素信息。

4）询问、交谈

与某项工作活动相关的操作、管理、技术人员进行询问和交谈，依据他们的经验可表述出与工作活动有关的危险或危害因素信息。在采用询问、交谈方法时要把握一定技巧，针对不同的人员对象以不同的询问方式提出有针对性的问题。

5）现场观察

现场观察是获得工作场所危险有害因素信息的快捷方法。现场观察需要具备相关安全知识和经验的人员来完成。现场观察人员将观察到的信息与其掌握的知识和经验相对照来识别危险有害因素。

6）测试分析

通过测试分析可以识别危险有害因素，特别是以实际出现形式存在的危险有害因素，例如，通过测试防止间接接触电击伤害的保护接地的电阻值，可以确定保护接地电阻是否符合要求。

7）头脑风暴

头脑风暴是个人或集体在相关经验的基础上，通过思维识别危险有害因素。煤矿在运用头脑风暴法识别危险有害因素时，常常组建一个或多个工作小组，工作小组由煤矿内部各类有经验的人员组成，必要时也可以请外部专家加入。工作小组针对煤矿各个工作活动或场所进行思维分析，罗列出危险有害因素，并反复修改补充、完善。

8）安全检查表分析（SCL）

安全检查表是安全检查最有效的工具之一，它是为检查某些系统的安全状况而事先制定的问题清单。在使用安全检查表进行风险辨识和风险分析时，首先要运用安全系统工程方法，对系统进行全面分析，在此基础上，将系统分成若干单元或层次，列出所有的危险有害因素，确定检查项目，然后编成表，并按此表进行检查，以发现系统以及设备、机器装置和操作管理、工艺、组织措施中的各种不安全因素。检查表中的回答一般都是“是/否”。

对于安全检查表的格式，没有统一的规定。安全检查表的设计应做到系统、全面，检查项目应具体、明确。一般而言，安全检查表的设计应依据：

（1）有关标准、规程、规范及规定。为了保证安全生产，国家及有关部门发布了各类安全标准及有关的文件，这些是编制安全检查表的主要依据。为了便于工作，有时要将检查条款的出处加以注明，以便能尽快统一不同意见。

（2）国内外事故案例。搜集国内外相同及类似行业的事故案例，从中发掘和发现不安全因素，作为安全检查的内容。国内外及本单位在安全管理及生产中的有关经验，也应是安全检查表的重要内容。

（3）通过系统分析，确定的危险部位及防范措施，都是安全检查表的内容。

（4）研究成果。在现代信息社会和知识经济时代，知识的更新很快，编制安全检查表必须采用最新的知识和研究成果。包括新的方法、技术、法规和标准。

在使用安全检查表进行分析时可遵循如下流程（图 2-2）。

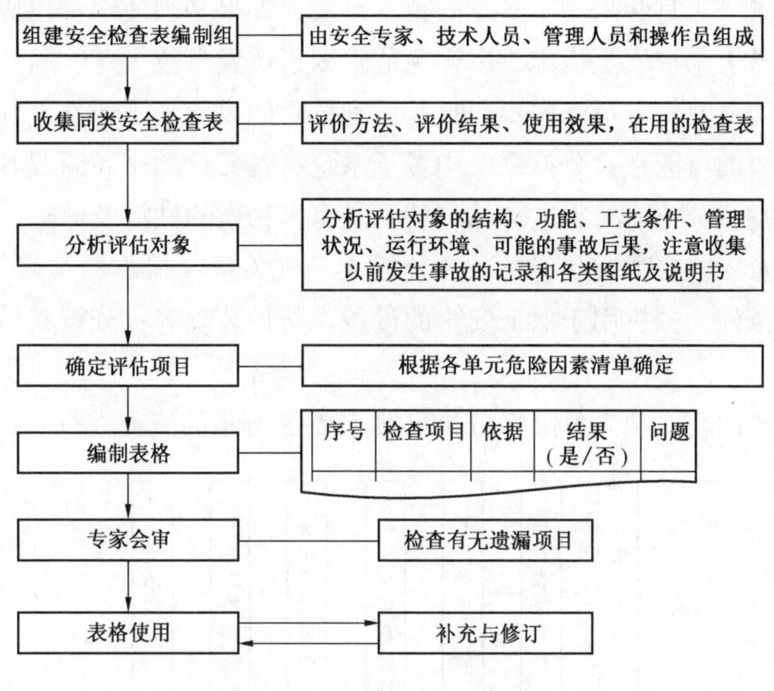

图 2-2 安全检查表分析流程

2. 系统安全分析方法

系统安全分析方法常用于复杂系统、没有事故经验的新开发系统。为了能够使风险辨识和风险分析更加系统，危险、危害事件及其产生的原因识别更加全面，需要应用一些科学的系统安全分析方法来帮助分析。常用的分析方法包括：预先危险性分析（PHA）、事故树分析（FTA）、事件树分析（ETA）、危险与可操作性研究（HAZOP）、故障模式与影响分析（FMEA）等。

1）预先危险性分析（PHA）

预先危险分析（Preliminary Hazard Analysis，简称 PHA），也称初

始危险分析，是在每项工程活动之前，或技术改造之后，对系统存在的危险类别、来源、出现条件、导致事故的后果以及有关措施等进行概略的分析，尽可能评价出潜在的危险性。其目的是防止操作人员直接接触对人体有害的原材料、半成品、成品和生产废弃物，防止使用危险性工艺、装置、工具和采用不安全的技术路线，如果必须使用，也应从工艺上或设备上采取安全措施，以避免危险因素诱发事故。

预先危险性分析的内容包括：识别危险的设备、零部件，并分析其发生事故的可能性；分析系统中各子系统、各元件的交界面及其相互关系与影响；分析原材料、产品，特别是有害物质的性能及储运；分析工艺过程及工艺参数或状态参数；分析人、机关系（操作、维修等）；分析环境条件；分析用于保证安全的设备、防护装置等；分析其他危险条件等。

一般而言，预先危险性分析可按图 2-3 所示的流程进行。

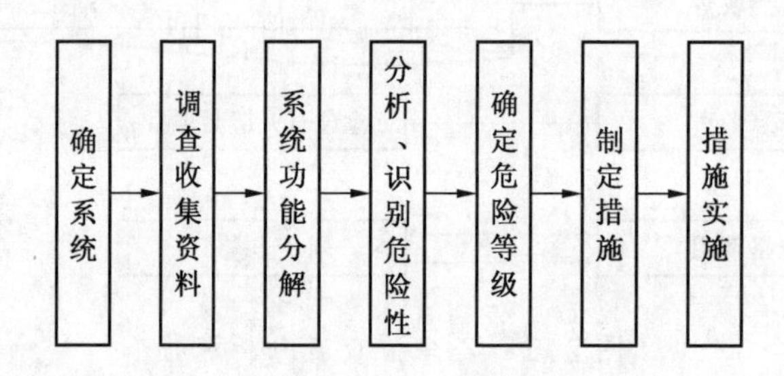

图 2-3 预先危险性分析流程

预先危险性分析的流程按从前到后的顺序包含确定系统，调查收集资料，系统功能分解，分析、识别危险性，确定危险等级，制定措施和措施实施。具体如下：

（1）确定系统。明确所分析系统的功能及其分析范围。

（2）调查收集资料。调查生产目的、工艺过程、操作条件和周围环境。收集设计说明书、本单位的生产经验、国内外事故情报及有关标准、规范、规程等资料。

（3）系统功能分解。按系统工程的原理，将系统进行功能分解，并绘出功能框图，表示他们之间的输入和输出关系。

（4）分析、识别危险性。确定危险类型、危险来源、初始伤害及其造成的危险性，对潜在的危险点进行仔细研判。

（5）确定危险等级。在确认每项危险后，都要按其风险大小进行分类。

（6）制定措施。根据危险等级，从软件、硬件两方面制定相应的消除、降低或转移危险性的措施。

（7）措施实施。在工程实践活动中，将制定的措施落实到位，严控风险，避免事故。

在进行预先危险性分析时，可采用表 2-4 所示的表格进行。

表 2-4　××预先危险性分析

危险因素	诱导因素	事故后果	危险等级	控制措施

2）故障树分析（FTA）

故障树分析（Fault Tree Analysis，简称 FTA）是一种演义的系统安全分析法，是对既定的生产系统或作业中可能出现的事故条件及可能导致的灾害后果，按工艺流程、先后次序和因果关系绘成程序方框图，表示导致灾害、伤害事故的各种因素间的逻辑关系。它由输入符号或关系符号组成，用以分析系统的安全问题或系统的运行功能问题，为判明灾害、伤害的发生途径及事故因素之间的关系，故障树分析法提供了一种最形象、最简洁的表达形式。

故障树分析可以用于风险分析，也可用于事故调查的原因分析。

故障树分析可按如下的步骤进行：

（1）熟悉系统。要详细了解系统状态及各种参数，绘出工艺流程图或布置图。

（2）调查事故。收集事故案例，进行事故统计，设想给定系统可能发生的事故。

(3) 确定顶上事件。要分析的对象即为顶上事件。对所调查的事故进行全面分析，从中找出后果严重且较易发生的事故作为顶上事件。

(4) 确定目标值。根据经验教训和事故案例，经统计分析后，求解事故发生的概率（频率），以此作为要控制的事故目标值。

(5) 调查原因事件。调查与事故有关的所有原因事件和各种因素。

(6) 画出故障树。从顶上事件起，逐级找出直接原因的事件，直至所要分析的深度，按其逻辑关系，画出故障树。

(7) 分析。按故障树结构进行简化，确定各基本事件的结构重要度。

(8) 事故发生概率。确定所有事故发生概率，标在故障树上，并进而求出顶上事件（事故）的发生概率。

(9) 比较。比较分可维修系统和不可维修系统进行讨论，前者要进行对比，后者求出顶上事件发生概率即可。

(10) 分析。原则上是上述各步骤，在分析时可视具体问题灵活掌握，如果故障树规模很大，可借助计算机进行。

3) 事件树分析（ETA）

事件树分析（Event Tree Analysis，简称 ETA），它是一种按事故发展的时间顺序由初始事件开始推论可能的后果，从而进行风险辨识的方法。从一个初因事件开始，按照事故发展过程中事件出现与不出现，交替考虑成功与失败两种可能性，然后又把两种可能性分别作为新的初因事件进行分析，直到分析出最终结果为止。

事件树分析可用于事前预测事故及不安全因素，估计事故的可能后果，事后分析事故原因。事件树分析资料既可作为直观的安全教育资料，也有助于推测类似事故的预防对策。当积累了大量事故资料时，可采用计算机模拟，使 ETA 对事故的预测更为有效。在安全管理上用 ETA 对重大问题进行决策，具有其他方法所不具备的优势。

事件树分析可按如下步骤进行：

(1) 确定或寻找初因事件。

(2) 构造事件树。

(3) 进行事件树的简化。

(4) 进行事件序列的定量化。

图 2-4 所示为一事件树分析的具体案例。

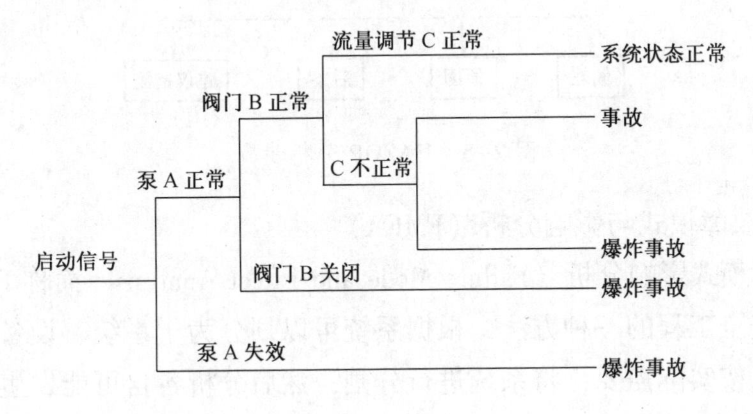

图 2-4　事件树分析

4) 危险与可操作性研究 (HAZOP)

危险与可操作性研究 (Hazard and Operability Analysis, 简称 HAZOP), 是以系统工程为基础的一种可用于定性分析或定量评价的危险性评价方法, 用于探明生产装置和工艺过程中的危险及其原因, 寻求必要对策。

HAZOP 分析是一种用于辨识设计缺陷、工艺过程危害及操作性问题的结构化分析方法。该方法的本质就是通过系列的会议对工艺图纸和操作规程进行分析。在这个过程中, 由各专业人员组成的分析组按规定的方式, 系统地研究每一个单元 (即分析节点), 分析偏离设计工艺条件的偏差所导致的危险和可操作性问题。HAZOP 分析常被用于辨识静态和动态过程中的危险性, 对新技术新工艺尚无经验时辨识危险性很适用。

HAZOP 分析可按图 2-5 所示步骤进行。

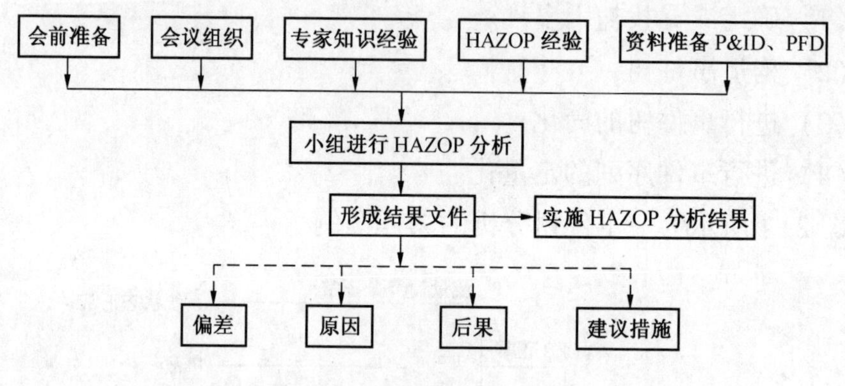

图 2-5　HAZOP 分析步骤

5）故障模式与影响分析（FMEA）

故障模式影响分析（Failure Mode and Effect Analysis，简称 FMEA），是系统安全工程的一种方法，根据系统可以划分为子系统、设备和元件的特点，按实际需要，将系统进行分割，然后分析各自可能发生的故障类型及其产生的影响，以便采取相应的对策，提高系统的安全可靠性。可以用来对系统、设备、设施进行详细的风险分析，为系统、设备、设施的检修维护标准的制定提供依据。故障模式与影响分析（FMEA）的步骤如下：

（1）系统、设备、设施的选择。

（2）将系统、设备、设施分解为具体子系统或元件。

（3）识别每个子系统或元件的危害与风险。

（4）确定风险控制和预防措施。

（5）编制检修维护标准、检查表。

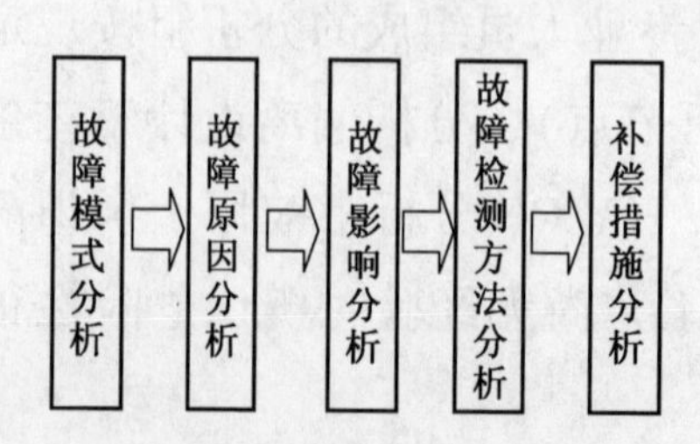

图 2-6　故障模式与影响分析步骤

故障模式与影响分析步骤流程图如图 2-6 所示。

在对设备和装置进行风险分析时，通常考虑三个因素：故障发生的可能性 P，影响的严重度 S 和失效模式的可探测度 D，即 $R=P\times S\times D$。三种因素的分值范围见表2-5，不同危险等级的危险性分值范围见表2-6。

表2-5　三种因素的分值范围

故障可能性	*P*值	影响严重度	*S*值	失效模式可探测度	*D*值
肯定发生	0.9	设备报废，或致人员死亡	100	缺乏技术和手段	100
极有可能	0.7	设备损坏，系统中断8小时以上	80	昂贵或不能直接检测	80
有可能	0.5	设备损坏，系统中断4小时	50	检测复杂，时间长	50
可能，很少	0.3	设备故障，系统短暂停止	10	容易检测	10
极不可能	0.1	设备故障，可继续运行	1	检查即可发现	1

表2-6　不同危险等级的危险性分值范围

风险等级	*R*值
极度风险	≥800
高度风险	≥400
中度风险	≥250
低度风险	＞80
可承受风险	≤80

二、安全风险评估方法

风险是危险有害因素导致损失、伤害或其他不利影响的可能性和后果的结合。风险总是与某个危险有害因素以及特定事件相联系，离开危险有害因素、特定事件谈风险是无意义的。风险的大小取决于两个变量，即危险有害因素导致特定事件的可能性、特定事件后果的严重度。

风险评估的目的是对煤矿所有危险有害因素进行风险等级划分，从而确定风险管控的重点区域和项目，是为安全风险分级管控确定目标的过程。

根据系统的复杂程度，风险评价可以采用定性、定量和半定量的评价方法。具体采用哪种评价方法，需根据煤矿自身特点以及其他相关因素进行确定。

1. 定性风险评价方法

定性风险评价方法是根据经验和直观判断能力对生产系统的工艺、设备、设施、环境、人员和管理等方面的状况进行定性分析，评价结果是一些定性的指标，如是否达到了某项安全指标、事故类别和导致事故发生的因素等。

2. 定量风险评价方法

定量风险评价方法是在大量分析实验结果和事故统计资料基础上获得的指标或规律（数学模型），对生产系统的工艺、设备、设施、环境、人员和管理等方面的状况进行定量的计算，评价结果是一些定量的指标，如事故发生的概率、事故的伤害（或破坏）范围、事故致因因素的事故关联度或重要度等。

3. 半定量风险评估法

半定量风险评价方法是建立在实际经验的基础上，结合数学模型，对生产系统的工艺、设备、设施、环境、人员和管理等方面的状况进行定性与定量相结合的分析，但评价结果是一些半定量的指标。由于其可操作性强，且还能依据分值有一个明确的风险等级，因而也被广泛地应用。常用的半定量风险评价法有作业条件危险性评价法（LEC）、风险矩阵评价法、故障模式与影响分析法（FMEA）。第三种方法前面已作介绍，下面重点介绍前两种方法。

1）作业条件危险性评价法（LEC）

作业条件危险性评价法是一种简单易行的评价操作人员在具有潜在危险环境中作业时的危险性、危害性的半定量评价方法。主要适合工作环境风险的评价，如环境的温度、照度、压力、辐射、空气质量、有害病菌等。

作业条件危险性评价法用与系统风险有关的三种因素指标值的乘积来评价操作人员伤亡风险大小，这三种因素分别是：L（事故发生的可能性)、E（人员暴露于危险环境中的频繁程度）和 C（一旦发生事故可能造成的后果）。给三种因素的不同等级分别确定不同的分值（表 2-7)，再以三个分值乘积 D（表 2-8）来评价作业条件危险性的大小，即 $D=L\times E\times C$。

表 2-7　三种因素的分值范围

发生事故的可能性（L）		暴露于危险环境的频繁程度（E）		发生事故产生的后果（C）	
分数值	可能程度	分数值	频繁程度	分数值	后果严重程度
10	完全可能预料	10	连续暴露	100	大灾难，许多人死亡
6	相当可能	6	每天工作时间暴露	40	灾难，数人死亡
3	可能、但不经常	3	每周一次	15	非常严重，一人死亡
1	可能性小，完全意外	2	每月一次	7	严重，重伤
0.5	很不可能，可以设想	1	每年几次	3	重大，致残
0.2	极不可能	0.5	非常罕见	1	引人注目，需要救护
0.1	实际不可能				

表 2-8　不同危险等级的危险性分值范围

危险等级划分（D）	
分数值	危险程度
＞320	极其危险，不能继续作业
160～320	高度危险，要立即整改
70～160	显著危险，需要整改
20～70	一般危险，需要注意
＜20	稍有危险，可以接受

2）风险矩阵评价法

因风险是特定危害性事件发生的可能性与后果的组合，风险矩阵法就是将可能性（L）的大小和后果（S）的严重程度分别用表明相对差距的数值来表示，然后用两者的乘积反映风险程度（R）的大小，即 $R=L\times S$。风险矩阵评价法是一种适合大多数风险评价的方法。

风险矩阵图如图 2-7 所示。

风险矩阵		中等风险（Ⅲ级）	重大风险（Ⅳ级）		特别重大风险（Ⅴ级）		有效类别	赋值	后果：人机健康	由于伤害估算的损失	个人效果	公众反映	非个人效果
一般风险（Ⅱ级）	6	12	18	24	30	36	A	6	立即死亡或威胁生命	500 万元以上	多人死亡	国内压力停止业务	环境灾难
一般风险（Ⅱ级）	5	10	15	20	25	30	B	5	短期暴露即受不可治愈的伤	100 万～500 万元	一人死亡	国内或当地压力反映	大型环境事故
一般风险（Ⅱ级）	4	8	12	16	20	24	C	4	长期暴露受可治愈的伤	4 万～100 万元	严重受伤	只有当地压力	中型环境事故
一般风险（Ⅱ级）	3	6	9	12	15	18	D	3	短期暴露受可治愈的伤	1 万～4 万元	失去工作能力	小规模反映	小型环境事故
低风险（Ⅰ级）	22	4	6	8	10	12	E	2	暂时受伤能治愈	2000～1 万元	医学治愈	极小规模反映	形成污染
低风险（Ⅰ级）	11	2	3	4	5	6	F	1	无	0～2000 元	急救	无	无
赋值	1	2	3	4	5	6							
有效类别	L	K	J	I	H	G							
发生的可能性	不可能	很少	低可能	可能发生	能发生	有时发生							
发生可能性的衡量	估计从不发生	50 年内可能发生一次	10 年内可能发生一次	5 年内可能发生一次	每年可能发生一次	1 年内能发生 10 次或以上							
发生频率	1/100 年	1/40 年	1/10 年	1/5 年	1 年	≥10 年							

低风险　一般风险　中等风险　重大风险　特别重大风险

图 2-7　风险矩阵图

第三章　安全风险辨识评估

第一节　工作要求、评分标准和理解要点

一、工作要求

每年底矿长组织开展年度安全风险辨识，重点对容易导致群死群伤事故的危险因素进行安全风险辨识评估。

以下情况，应进行专项安全风险辨识评估：

（1）新水平、新采（盘）区、新工作面设计前。

（2）生产系统、生产工艺、主要设施设备、重大灾害因素等发生重大变化时。

（3）启封火区、排放瓦斯、突出矿井过构造带及石门揭煤等高危作业实施前，新技术、新材料试验或推广应用前，连续停工停产 1 个月以上的煤矿复工复产前。

（4）本矿发生死亡事故或涉险事故、出现重大事故隐患，或所在省份煤矿发生重特大事故后。

二、评分标准

安全风险辨识评估工作要求和评分标准见表 3-1。

表3-1 安全风险辨识评估工作要求和评分标准

项目	项目内容	基本要求	标准分值	评分方法
安全风险辨识评估(40分)	年度辨识评估	每年底矿长组织各分管负责人和相关业务科室、区队进行年度安全风险辨识，重点对井工煤矿瓦斯、水、火、煤尘、顶板、冲击地压及提升运输系统，露天煤矿边坡、爆破、机电运输等容易导致群死群伤事故的危险因素开展安全风险辨识；及时编制年度安全风险辨识评估报告，建立可能引发重特大事故的重大安全风险清单，并制定相应的管控措施；将辨识评估结果应用于确定下一年度安全生产工作重点，并指导和完善下一年度生产计划、灾害预防和处理计划、应急救援预案	10	查资料。未开展辨识或辨识组织者不符合要求不得分，辨识内容（危险因素不存在的除外）缺1项扣2分，评估报告、风险清单、管控措施缺1项扣2分，辨识成果未体现缺1项扣1分
	专项辨识评估	新水平、新采（盘）区、新工作面设计前，开展1次专项辨识： 1. 专项辨识由总工程师组织有关业务科室进行； 2. 重点辨识地质条件和重大灾害因素等方面存在的安全风险； 3. 补充完善重大安全风险清单并制定相应管控措施； 4. 辨识评估结果用于完善设计方案，指导生产工艺选择、生产系统布置、设备选型、劳动组织确定等	8	查资料和现场。未开展辨识不得分，辨识组织者不符合要求扣2分，辨识内容缺1项扣2分，风险清单、管控措施、辨识成果未在应用中体现缺1项扣1分
		生产系统、生产工艺、主要设施设备、重大灾害因素（露天煤矿爆破参数、边坡参数）等发生重大变化时，开展1次专项辨识： 1. 专项辨识由分管负责人组织有关业务科室进行； 2. 重点辨识作业环境、生产过程、重大灾害因素和设施设备运行等方面存在的安全风险； 3. 补充完善重大安全风险清单并制定相应的管控措施； 4. 辨识评估结果用于指导重新编制或修订完善作业规程、操作规程	8	查资料和现场。未开展辨识不得分，辨识组织者不符合要求扣2分，辨识内容缺1项扣2分，风险清单、管控措施、辨识成果未在应用中体现缺1项扣1分

表 3-1（续）

项目	项目内容	基本要求	标准分值	评分方法
安全风险辨识评估（40分）	专项辨识评估	启封火区、排放瓦斯、突出矿井过构造带及石门揭煤等高危作业实施前，新技术、新材料试验或推广应用前，连续停工停产1个月以上的煤矿复工复产前，开展1次专项辨识： 1. 专项辨识由分管负责人组织有关业务科室、生产组织单位（区队）进行； 2. 重点辨识作业环境、工程技术、设备设施、现场操作等方面存在的安全风险； 3. 补充完善重大安全风险清单并制定相应的管控措施； 4. 辨识评估结果作为编制安全技术措施依据	8	查资料和现场。未开展辨识不得分，辨识组织者不符合要求扣2分，辨识内容缺1项扣2分，风险清单、管控措施、辨识成果未在应用中体现缺1项扣1分
		本矿发生死亡事故或涉险事故、出现重大事故隐患或所在省份发生重特大事故后，开展1次针对性的专项辨识： 1. 专项辨识由矿长组织分管负责人和业务科室进行； 2. 识别安全风险辨识结果及管控措施是否存在漏洞、盲区； 3. 补充完善重大安全风险清单并制定相应的管控措施； 4. 辨识评估结果用于指导修订完善设计方案、作业规程、操作规程、安全技术措施等技术文件	6	查资料和现场。未开展辨识不得分，辨识组织者不符合要求扣2分，辨识内容缺1项扣2分，风险清单、管控措施、辨识成果未在应用中体现缺1项扣1分

三、理解要点

要求建立包括矿长、总工程师、分管负责人等矿级管理层组织开展安全风险辨识的“1+4 工作模式”，即1次年度辨识和4项专项辨识。风险是客观存在的，在作业环境、生产系统和技术装备等没有发生重大变化时，未知危险状况是稳定的，一旦探查认知清楚，无须频繁辨识。

因此，“1+4 工作模式”强调以年度定期辨识为基础，以发生变化时的专项辨识为补充，如采区采面设计前、系统工艺等发生重大变化前、高危作业前以及出现事故和重大隐患后等。考虑到当前煤矿安全工作实际，现阶段安全风险辨识评估环节应围绕容易导致群死群伤事故的危险因素进行，如在长期煤矿安全工作实践中已经非常明确可能导致重特大事故的水、火、瓦斯等危险有害因素。此项工作须由矿长组织，分管负责人和相关业务部门、区队负责人及相关人员参加。

1. 安全风险年度辨识评估

《煤矿安全生产标准化基本要求及评分方法（试行）》要求所有生产煤矿开展年度辨识评估工作。规定煤矿应在每年底开展下一年度的辨识和评估工作，虽未要求具体时间，但一般应在部署下年度安全生产工作之前完成。在工作要求和评分方法中均未规定具体的辨识评估方法，煤矿可以根据其自身实际情况，从当前被广泛使用的经验对照分析方法和系统安全分析方法中进行选择。辨识评估内容应覆盖本矿存在的容易导致群死群伤事故的所有危险有害因素，如井工煤矿应该对涉及瓦斯、水、火、煤尘、顶板、冲击地压的生产系统以及提升运输系统，露天煤矿对涉及边坡、爆破等的生产系统以及机电运输系统等存在容易导致群死群伤事故的危险有害因素开展安全风险辨识。需要注意的是当煤矿不存在某种潜在灾害或危害时，可不用对该类危险有害因素进行辨识评估，如井工煤矿不是冲击地压矿井，可不必辨识评估冲击地压方面的危险有害因素；露天煤矿没有爆破工艺的，可不必辨识评估爆破类危险有害因素等。

在评分标准中要求煤矿及时编制年度安全风险辨识评估报告，报告应至少包括辨识评估参与人员、时间、方法、标准、结论和措施等内容，在结论中应包括本矿存在的主要危害以及重大安全风险清单。措施是指技术、工程和管理等方面能够降低和控制风险的具体措施，制定的措施应能确保风险得到有效控制。

煤矿安全风险辨识评估结果能够指导煤矿有针对性地开展安全管理工作。在评分标准中强调针对确定的重大风险所制定的管控措施的具体应用，即如何将风险管控措施转化为日常工作的指南，并能够得到落实和执行。具体体现在年度生产计划编制、灾害预防和处理计划编制、应急救援预案编制以及安全作业指导书撰写、矿井安全风险监测监控项目和方法确定及各类安全风险检查表制定等活动中。

2. 安全风险专项辨识评估

1）新水平、新采（盘）区、新工作面设计前的专项辨识评估

在工作要求和评分标准中，要求对于需要进行新水平、新采（盘）区、新工作面设计的煤矿，在设计前需要开展安全风险专项辨识评估工作，辨识评估由总工程师组织有关业务科室进行。因此，组织人和参与人员是明确的。辨识评估范围仅针对待设计水平、采（盘）区、工作面地质条件，以及潜在的重大灾害因素。辨识评估后须对年度辨识评估结果进行补充完善，至少应补充完善重大安全风险清单及管控措施。

本项专项辨识评估的目的是控制新设计水平、采（盘）区和新工作面中存在的风险。因此，辨识评估结果应作为新水平、新采（盘）区、新工作面设计的主要依据。应依据确定的重大风险因素及其特征，选择有利于减少和控制风险的生产工艺、生产系统布置、设备和劳动组织等，真正实现重大风险的超前管控。

2）生产系统、生产工艺、主要设施设备、重大灾害因素（露天煤矿爆破参数、边坡参数）等发生重大变化时的专项辨识评估

在工作要求和评分标准中，要求在生产系统、生产工艺、主要设施设备、重大灾害因素（露天煤矿爆破参数、边坡参数）等发生重大变化时，开展1次专项辨识评估。因此，生产系统、生产工艺、主要设施设备、重大灾害因素（露天煤矿爆破参数、边坡参数）等的重大变化是开展本项辨识评估的条件。这里所说的重大变化是指诸如对通风系统

进行了重大调整，采煤工艺由综采变成综放，采煤设备、掘进设备、支护设备等发生重大变化，掘进工作面过富水区等情况。辨识评估工作要求组织人是分管领导，煤矿应根据煤矿领导责任分工，由分管领导组织辨识评估。辨识评估范围明确，仅针对发生变化的生产系统、生产工艺、主要设施设备和重大灾害因素（露天煤矿爆破参数、边坡参数）开展辨识评估，重点分析重大变化带来的不利影响，辨识评估后须对年度辨识评估结果进行补充完善，至少应对重大安全风险清单及其管控措施进行修订。

本项专项辨识评估主要目的是控制生产系统、生产工艺、主要设施设备、重大灾害因素（露天煤矿爆破参数、边坡参数）等发生重大变化时存在的风险。因此，辨识评估结果应作为重新编制或修订完善与这些重大变化相关工作和活动的作业规程或操作规程的主要依据。

3）启封火区、排放瓦斯、突出矿井过构造带及石门揭煤等高危作业实施前，新技术、新材料试验或推广应用前，连续停工停产 1 个月以上的煤矿复工复产前开展的专项辨识评估

在工作要求和评分标准中，要求在启封火区、排放瓦斯、突出矿井过构造带及石门揭煤等高危作业实施前，新技术、新材料试验或推广应用前，连续停工停产 1 个月以上的煤矿复工复产前，开展 1 次专项辨识评估。因此，本项辨识评估工作开展的前提是高危作业前，新技术、新材料试验或推广前以及煤矿复工复产前。在工作要求和评分标准中明确了高危作业包括启封火区、排放瓦斯、突出矿井过构造带及石门揭煤等。对新技术、新材料试验或推广应用没有更具体的说明，泛指能够对安全生产产生影响的新技术、新材料试验或推广应用。复工复产煤矿明确其应该是连续停工停产 1 个月以上的煤矿。辨识评估工作要求组织人是分管领导，煤矿应根据煤矿领导责任分工，由分管领导组织辨识评估。辨识评估范围明确，仅针对工作要求和评分标准中确定的高危作业、待应用的新技术和新材料以及复工复产时的煤矿等存在的危险有害因素开展辨识评估，重点辨识评估作业环境、工程技术、材料应用、现

场操作等存在的安全风险。辨识评估后须对年度辨识评估结果进行补充完善，至少应对重大安全风险清单及其管控措施进行修订。

因本项专项辨识评估所针对的情况都需要编制相应的安全技术措施，因此辨识评估结果应作为编制安全技术措施的主要依据。

4）本矿发生死亡事故或涉险事故、出现重大事故隐患或所在省份发生重特大事故后开展的专项辨识评估

在工作要求和评分标准中，要求在本矿发生死亡事故或涉险事故、出现重大事故隐患或所在省份发生重特大事故后，开展1次针对性的专项辨识评估。因此，本项专项辨识评估的前提是本矿发生死亡事故或涉险事故、出现重大事故隐患或所在省份发生重特大事故。辨识评估工作要求由矿长组织，分管负责人和业务科室参加。辨识评估工作仅针对与所发生死亡事故或涉险事故、出现重大事故隐患涉及的专业和系统开展，分析与事件相关的危险有害因素是否被辨识出、风险评估结果是否准确、制定的管控措施是否有效、管控措施是否得到执行等，针对分析发现的问题，补充进行风险辨识评估。在所在省发生重特大事故后，应及时了解事故情况和原因，并对照本矿的实际情况，查找和分析是否存在类似的问题，如存在问题须补充进行风险辨识评估。辨识评估后须补充完善重大安全风险清单，并制定相应的管控措施。

本项专项辨识评估在发生事件后进行，目的是分析和发现以往相关工作中存在的问题，提出补充和完善措施。因此，结合本项专项辨识评估结果，要对设计方案、作业规程、操作规程、安全技术措施等技术文件进行修订完善。

第二节　安全风险辨识评估工作流程

安全风险辨识评估工作是安全风险分级管控工作的关键，是一项需要煤矿上下配合、全员参与、专业性强、系统性高的基础工作，需要按照一定的流程组织和开展。

一、安全风险辨识评估前的准备

在进行系统的安全风险辨识评估之前，首先要进行整体规划，制定安全风险辨识评估计划，确定安全风险辨识评估范围和所要达到的目的，并将计划传达到煤矿内部所有部门和承包商，以得到管理层和各部门的支持、参与和帮助。该步骤既是安全风险辨识评估的准备过程，也是安全风险辨识评估活动的统筹策划过程，主要工作任务包括如下内容。

1. 安全风险辨识评估范围确定

全面的安全风险辨识评估应覆盖煤矿所辖区域和生产运营的全过程，包括人、机、环、管四方面。

煤矿在安全风险辨识评估之前应对其范围给予确定，煤矿可以根据需要，对所辖区域、活动、设备、设施、材料物质、工艺流程、职业健康、环境因素、工具及器具、火灾危险场所等存在的安全风险进行辨识评估。

为了准确地确定安全风险辨识评估范围，煤矿应借助工作场所平面布置图、生产系统图、生产工艺流程图等帮助制定风险辨识评估计划，划分风险辨识评估区域。安全风险辨识评估范围可按区域或专业来划分，或将二者结合起来进行划分，并与专业范围和责任范围紧密结合。

2. 安全风险辨识评估标准和方法的确定

为了有秩序、有组织和持续地开展安全风险辨识评估工作，煤矿应根据自身生产运营情况制定安全风险辨识评估管理标准，选择确定适合不同类别安全风险辨识评估的方法，以确保安全风险辨识评估在煤矿一定范围内的统一性和有效性，同时也便于安全风险辨识评估的沟通、理解和应用。

1）安全风险辨识评估标准的建立

安全风险辨识评估管理标准是指导煤矿安全风险辨识评估工作的规范性文件，明确安全风险辨识评估工作的职责、程序、方法要求，具体应包括如下内容：

（1）安全风险辨识评估与回顾的时间和周期。

（2）安全风险辨识评估的职责和流程要求。

（3）安全风险辨识评估方法的要求。

（4）安全风险辨识评估的工具表格。

（5）安全风险辨识控制策划的要求。

（6）安全风险辨识评估应用的要求。

（7）安全风险辨识评估监测与更新的要求。

2）安全风险辨识评估方法的选择

安全风险辨识评估方法是安全风险辨识评估工作中所运用的重要工具，煤矿应根据自身实际情况，选择适当的安全风险辨识评估方法，保证安全风险辨识评估工作的全面性、系统性、科学性和合理性，为风险控制策划、风险管理标准和措施的制定奠定基础。

3. 安全风险辨识评估计划的制定

在安全风险辨识评估工作前，煤矿应制定具体实施计划，保证安全风险辨识评估工作正常、有序地开展。其内容应包括：

（1）安全风险辨识评估小组及具体职责。

（2）安全风险辨识评估详细内容。

（3）安全风险辨识评估培训要求。

（4）安全风险辨识评估时间要求。

4. 安全风险辨识评估小组的成立

1）小组组建原则

煤矿应按照安全风险辨识评估工作的需求，成立安全风险辨识评估小组，具体组建原则是：

（1）矿级安全风险辨识评估小组成员应包括：管理层、安监员、职业健康管理人员、有关部室、区队或班组的相关管理人员、专业技术人员、班组长、工作经验丰富的岗位员工。

（2）区队、班组级安全风险辨识评估小组成员应包括：区队或班组的相关管理人员、安监员、专业技术人员、班组长、工作经验丰富的岗位员工。

鼓励所有员工积极参与本区域的安全风险辨识评估。

2）小组成员应具备的条件

（1）具有相关专业知识或生产管理知识，熟悉与本单位生产运营相关的安全生产技术标准和法律法规。

（2）熟悉本单位或所工作区域的各岗位工作活动、设备设施、工作环境情况。

（3）熟悉生产运营过程中存在的危险有害因素及其失控所导致的后果，风险管理的主要责任人、监管部门。

（4）熟悉作业规程、操作规程、安全技术措施等。

（5）工作认真负责，具有一定的风险管理知识。

5. 安全风险辨识评估知识的培训

在安全风险辨识评估小组成立后，应组织对小组成员进行培训，使其掌握安全风险辨识评估的方法和技巧，小组成员必须具备如下能力：

（1）清楚安全风险辨识评估的目的。

（2）熟悉本煤矿安全风险辨识评估标准要求。

（3）掌握安全风险辨识评估方法。

（4）清楚收集信息和评估信息的方法。

（5）有能力辨别工作场所有关人、机、环、管等方面的危险有害因素。

（6）熟悉与本单位相关的事故类型及其内涵。

同时，小组成员还应具备较强的沟通、调查和观察能力，对工作认真、负责，具有良好的团队精神和创新意识。

6. 资料收集

在开展安全风险辨识评估工作之前，安全风险辨识评估小组须召开预备会，明确各成员的职责和任务，讨论确定风险辨识评估过程所需要的工作程序和图表。安全风险辨识评估小组成员应收集的相关资料包括：

（1）相关法律、法规、规程、规范、条例、标准和其他要求。

（2）煤矿内部的管理标准、技术标准、作业标准及相关安全技术措施。

（3）相关的事故案例、统计分析资料。

（4）职业安全健康监测数据及统计资料。

（5）本单位活动区域的平面布置图。

（6）生产工艺和系统的资料和图纸。

（7）设备档案和技术资料。

（8）其他相关资料。

二、安全风险辨识

煤矿可以根据其安全生产和管理特点、安全风险辨识目的，有针对性地选择安全风险辨识方法。如果煤矿计划进行全面的安全风险辨识，建议可采取工作任务分析法为主，其他辨识方法为辅，对煤矿安全风险进行辨识。

以下介绍工作任务分析法对 SSW 煤矿安全风险进行辨识的一般过程。

1. 辨识单元划分及工作任务确定

在利用工作任务分析方法对煤矿安全风险进行辨识的过程中，为了便于辨识工作的开展，首先需对煤矿进行合理划分，确定安全风险辨识子单元。子单元可以按照空间进行划分，如掘进工作面及其附属巷道、采煤工作面及其附属巷道等；也可以按照劳动组织进行划分，如综采队、连采队、通风队、运转队等；还可以按专业进行划分，如采掘专业、洗选专业、机电专业等。在对煤矿安全风险辨识子单元划分完成后，可以进一步确定工作任务和工序。为了便于安全风险辨识评估工作的组织和管理，建议煤矿可以考虑按照劳动组织划分辨识单元。

表 3-2 为 SSW 煤矿综采队工作任务及前两项任务具体工序的划分结果。

表 3-2　SSW 煤矿综采队工作任务及工序表

任　务	工　序
1. 生产前的准备工作	1. 有害气体检查与记录填写
	2. 检查上下顺槽安全出口距离、高度
	3. 检查超前支护
	4. 检查顶板、巷帮情况
	5. 检查工作面顶、底板起伏和梁端距大小
	6. 检查支架支设（倒架、咬架、相邻侧护板的高差超过侧护板高度的 2/3）
	7. 检查工作面压力情况
	8. 检查安全保护和警示装置（声光、设备防护、警示、警标、栅栏等）
	9. 工作面排水
	10. 浮煤、煤尘清理
2. 开机前的准备工作	1. 检查拖拽电缆、水管是否有破裂现象
	2. 检查各手把、开关、遥控器及急停开关是否正常
	3. 检查显示器是否正常
	4. 检查冷却水流量及压力
	5. 采煤机供电电压是否正常，未警告人员开机
	6. 检查油位
	7. 检查截齿
	8. 通知启动带式输送机
	9. 启动乳化液泵、喷雾泵
	10. 启动“三机”
	11. 启动采煤机

表 3-2（续）

任　务	工　序
3. 割煤	…
4. 两巷超前支护	…
5. 设备列车管理	…
6. 带式输送机件、水管的拆除	…
7. 单轨吊的拆、安	…
8. 临时轨道拆、安	…
9. “三机”检修	…
10. 采煤机检修	…
11. 支架检修	…
12. 取油样	…
13. 控制台操作	…
14. 放顶与初次来压	…
15. 搬家倒面前挂网	…
16. 探底煤	…
17. 清煤	…
18. 看护拖移电缆	…
19. 改变设备布置（两顺槽采用超前支架支护）	…
20. 气动扳手的使用	…
21. 起吊作业	…
22. 电气焊作业	…
23. 更换采煤机滚筒及摇臂	…
24. 更换转载机刮板链	…
25. 更换转载机机尾链轮	…
26. 更换转载机驱动部	…
27. 更换刮板输送机驱动部及电机	…
28. 更换电缆夹子	…
29. 处理架前大块煤	…
30. 处理中部槽内的大块煤	…
31. 处理支架压死	…

表 3-2（续）

任务	工序
32. 更换采煤机牵引部	…
33. 更换刮板输送机刮板链	…
34. 拉回柱绞车	…
35. 拉移变	…
36. 监护刮板输送机运行	…
37. 更换刮板输送机机头链轮	…
38. 更换采煤机破碎机	…
39. 处理电缆漏电	…

2. 危险有害因素的识别

在安全风险辨识过程中，煤矿可利用工具表格对其风险管理的基本对象进行调查和识别。具体调查和辨识对象包括设备、设施、材料物质、工艺流程、职业健康危害源、环境因素、工器具以及紧急情况等。常用的调查登记表见表 3-3、表 3-4、表 3-5、表 3-6 和表 3-7。

表 3-3 设备调查登记表

单位/区域	××掘进工作面	填表人		
说明：由各安全风险辨识评估小组负责填报，识别并填写本小区存在和/或本区队所管理的所有设备。设备识别按类型进行，同类、同一型号且作用相同的设备只填写一个。每类设备的选择应基于风险，必须是相对独立的，不能过大或过小				
序号	设备名称	设备用途	所在/使用场所	备注
1	滚筒式掘进机	巷道掘进	掘进工作面	
2	行进式锚杆机	顶板锚杆支护	掘进工作面	
3	电动运煤车	运煤至破碎机	掘进工作面	
4	电动铲车	清理底煤、装车	掘进工作面	
5	电缆	掘进机供电	掘进巷道	
6	6000 V 开关	破碎机电源	掘进巷道	
7	液压单体	破碎点支护	掘进头	
	…			

表3-4 设施调查登记表

单位/区域	××连采工作面	填表人	

说明：由各安全风险辨识评估小组负责填报，识别并填写本小区存在和/或本区队所管理的所有设施。每个设施的选择应基于风险且是相对独立的

序号	设施名称	用途	归口管理部门	备注
1	2号变电硐室	给工作面设备供电	机电队	
2	3号水仓	储存工作面矿井水	机电队	
3	××号联巷	人员、车辆通行	连采队	
4	××号调车硐室	调车、会车	连采队	
5	××辅运大巷	人员、材料运输	连采队	
6	××回风大巷	回风	连采队	
7	风门	调节风流	连采队	
	…			

表3-5 材料物质调查登记表

单位/区域	运转队	填表人	

说明：由安全风险辨识评估小组负责填报，识别并填写本小区存在和/或本区队所管理的所有材料物质。包括生产和服务过程中使用、储存和产生的材料物质

序号	物质名称	使用/产生场所	用途或处理方式	是否有害
1	输送带黏合胶	运输大巷	硫化输送带	有害
2	乙炔气瓶	运输大巷	输送带架、设备焊接	有害
3	齿轮油	运输设备	设备润滑	有害
4	废弃油棉纱	运输大巷	集中回收处理	有害
5	炸药	溜煤眼	疏通溜煤眼	有害
	…			

表 3-6 工具及个体防护调查登记表

单位/区域	××综采工作面	填表人	

说明：由安全风险辨识评估小组负责填报，识别并填写本小区存在和/或本区队所管理的所有工具及个体防护。识别按类型进行，同类、同一型号且作用相同的只填写一个

序号	类别	工具名称	涉及工作	是否统一管理
1	电动工具	钻孔机	爆破大块煤打眼	是
		切割机	切割设备	是
		…		
2	安全工器具	高压验电器	电气设备检修	是
		绝缘夹钳	电气设备检修	是
		…		
3	监测器具	瓦检仪	瓦斯浓度检查	是
		风速检测仪	风速检测	是
		…		
4	普通工具	大锤	大块煤破碎	否
		铁锹	清理浮煤	否
		…		
5	特殊个体劳动防护	安全帽	井下作业	否
		自救器	井下作业	否
		…		
6	普通个体劳动防护	水靴	井下作业	否
		防护眼镜	采煤作业	否
		…		

表3-7 紧急情况调查登记表

单位/区域	××掘进工作面	填表人		
说明：由安全风险辨识评估小组负责填报，识别并填写本小区潜在的紧急情况				
序号	紧急情况名称	地点/场所	影响区域	涉及人员
1	与采空区贯通透水	掘进工作面	掘进工作面	工作面人员
2	与采空区贯通，有害气体涌出	掘进工作面	掘进工作面	工作面人员
3	冒顶溃沙	掘进工作面	掘进巷道	工作面人员
4	输送带着火	运输巷道	运输巷道	工作面人员
	…			

3. 危险、危害事件识别

在对危险有害因素识别基础上，对照具体的任务和工序，分析和查找能够造成或可能造成事故的失效事件，它是导致事件的直接原因。这些失效事件主要是指可能直接导致事故的不安全状态和不安全行为。

1）不安全的状态

不安全状态是指存在于现场的任何不安全或不符标准的条件，主要是物的不安全状态和环境的不安全条件。具体包括：

（1）防护或屏障不充分。

（2）个人防护装置不充分或不恰当。

（3）有缺陷的设备、工具或材料。

（4）通道或者工作场所拥塞或区域受限。

（5）报警系统失效或者报警信号不充分。

（6）工作场所存在火灾或爆炸危险。

（7）文明生产差。

（8）暴露于噪声。

（9）暴露于辐射。

（10）在温度极限下。

（11）照明过度或不足。

（12）通风不当。

（13）缺乏识别/标记，等等。

2）不安全的行为

不安全行为是指作业人员的不安全行为或不符标准的操作，主要包括：

（1）未经授权擅自操作设备。

（2）无视警告。

（3）不采取任何的安全措施，如防护。

（4）在不安全的速度下操作。

（5）不使用，或者不正确使用安全装备。

（6）擅自挪动或者转移现场的健康和安全设施。

（7）使用有缺陷的设备和工具。

（8）进行不正确装载。

（9）进行不正确布置和布局。

（10）使用不正确的提升方法。

（11）在不正确的位置上工作。

（12）维修运行中的设备。

（13）工作中玩闹。

（14）在麻药/药物/酒精的影响下工作，等等。

4. 危险、危害事件产生原因分析

危险、危害事件产生的原因主要是指个人因素、工作因素和管理因素，正是因为生产运营过程中存在这些因素，导致产生了不安全行为和不安全状态，它们是事故的间接原因，是风险控制的关键。

1）个人因素

（1）不适当的身体能力。

（2）较弱的精神能力。

（3）身体压力。

（4）精神压力。

（5）缺乏知识。

（6）缺乏技能。

（7）态度或动机不当。

2）工作因素

（1）指挥/监管。

（2）工程设计。

（3）采购控制。

（4）维护保养与检修。

（5）工具和设备。

（6）作业标准。

3）管理因素

（1）管理职责和标准不健全。

（2）风险管理目标与计划不充分。

（3）管理监督不到位。

（4）组织管理不到位。

可以将危险有害因素、诱发危险有害因素失控造成事故的物的不安全状态、人的不安全行为以及更深层原因的识别和分析结果逐一进行整理、汇总，进一步完成风险及后果描述工作，确定可能导致的事故类型。煤矿事故类型可按表3-8进行划分。煤矿安全风险辨识结果汇总可参考表3-9。

表3-8 煤矿事故类型

序号	事故名称	事故定义
1	瓦斯事故	瓦斯、煤尘爆炸或燃烧，煤（岩）与瓦斯突出，瓦斯窒息（中毒）等
2	顶（底）板事故	指冒顶、片帮、顶板掉矸、顶板支护垮倒、冲击地压、露天煤矿边坡滑移垮塌等。底板事故视为顶板事故
3	机电事故	指机电设备（设施）导致的事故。包括运输设备在安装、检修、调试过程中发生的事故

表3-8（续）

序号	事故名称	事 故 定 义
4	爆破事故	指爆破崩人、触响拒爆炸药造成的事故
5	水灾事故	指地表水、老空水、地质水、工业用水造成的事故及溃水、溃砂导致的事故
6	火灾事故	指煤与矸石自然发火和外因火灾造成的事故（煤层自燃未见明火逸出有害气体中毒算为瓦斯事故）
7	运输事故	指运输设备（设施）在运行过程发生的事故
8	其他事故	以上七类以外的事故

表3-9 SSW煤矿综采队安全风险辨识结果（节选）

任务	工序	危险、危害因素	风险类型	风险及其后果描述	事故类型
1. 生产前的准备工作	1. 有害气体检查与记录填写	1. 瓦检员未检查有害气体浓度或检查不到位，出现错检、漏检、假检等现象	人	不能及时发现有害气体超限，造成缺氧窒息、有害气体中毒、瓦斯燃烧或爆炸	瓦斯事故
		2. 瓦斯检查仪器故障	机	不能准确读数，不能及时发现有害气体超限，造成缺氧窒息、有害气体中毒、瓦斯燃烧或爆炸	瓦斯事故
	2. 检查上下顺槽安全出口距离、高度	1. 带班队长未检查上、下顺槽的安全出口或检查不到位	人	不能及时发现上下顺槽安全出口距离不够或高度不够，人员出入困难，工作面发生紧急情况时人员不能迅速撤离；输送机机头或机尾碰到顺槽副帮或正帮，损坏设备	其他事故
		2. 顺槽出口宽度过小或一端过大，一端过小；高度不够	环	上下顺槽安全出口距离不够或高度不够，人员出入困难，工作面发生紧急情况时人员不能迅速撤离；输送机机头或机尾碰到顺槽副帮或正帮，损坏设备	其他事故

表 3-9（续）

任务	工序	危险、危害因素	风险类型	风险及其后果描述	事故类型
1. 生产前的准备工作	3. 检查超前支护	1. 液压支架工（推移刮板输送机）未检查超前支护或检查不到位	人	不能及时发现超前支架存在问题，发生顶板冒落、单体支柱倾倒、巷道片帮伤人	顶板事故、其他事故
		2. 超前支护失效或不符合现场的特殊要求	环	发生顶板冒落、单体支柱倾倒、巷道片帮伤人	顶板事故、其他事故
…	…	…	…	…	…

三、风险评估

在安全风险辨识基础上，可根据煤矿实际选择适当方法对其风险进行评估。现以表 3-9 所示的 SSW 煤矿综采队安全风险辨识结果为例，介绍采用风险矩阵评价法对其风险进行评价的一般过程。

在表 3-9 中，对于危险有害因素“瓦检员未检查有害气体浓度或检查不到位，出现错检、漏检、假检等”，已知其可能产生的风险及其后果是“不能及时发现有害气体超限，导致人员缺氧窒息、有害气体中毒、瓦斯燃烧或爆炸”，可能导致的事故是“瓦斯事故”。该危险有害因素的风险大小可从以下两方面进行评估：

①确定这一危险有害因素导致事故发生的可能性。如例中需要确定由于“瓦检员未检查有害气体浓度或检查不到位，不能及时发现有害气体超限”，而导致“瓦斯事故”发生的可能性。上述煤矿是低瓦斯煤矿，历史上从未发生过瓦斯事故，根据经验判断，即使瓦检员出现失职情况，由此导致瓦斯事故的可能性不大，根据图 2-7 确定可能性的值取“K2”比较客观；②需要确定一旦事故发生，可能造成的损失大小。在

本例中，如果这一危险或危害因素所导致的瓦斯事故一旦发生，可能造成的最坏后果是“多人死亡”，查“风险矩阵表”，确定“损失”值取“A6”较为合适。

“可能性”值与“损失”值的乘积就是“风险值”，在本例中“风险值”=2(可能性值)×6(损失值)=12，根据图 2-6（风险矩阵图）确定其风险等级为“中等”。

同样对其他辨识出的危险有害因素进行风险评估和风险等级划分，辨识评估结果填入表 3-10 所示的汇总表中。

表 3-10　SSW 煤矿综采队风险辨识评估表（节选）

任务	工序	危险有害因素	风险类型	风险及其后果描述	事故类型	风险评估			
						可能性	损失	风险值	风险等级
1. 生产前的准备工作	1. 有害气体检查与记录填写	1. 瓦检员未检查有害气体浓度或检查不到位，出现错检、漏检、假检等现象	人	不能及时发现有害气体超限，造成缺氧窒息、有害气体中毒、瓦斯燃烧或爆炸	瓦斯事故	K2	A6	12	中等
		2. 瓦斯检查仪器故障	机	不能准确读数，不能及时发现有害气体超限，造成缺氧窒息、有害气体中毒、瓦斯燃烧或爆炸	瓦斯事故	K2	A6	12	中等
	2. 检查上下顺槽安全出口距离、高度	1. 带班队长未检查上、下顺槽的安全出口或检查不到位	人	不能及时发现上下顺槽安全出口距离不够或高度不够，人员出入困难，工作面发生紧急情况时人员不能迅速撤离；输送机机头或机尾碰到顺槽副帮或正帮，损坏设备	其他事故	J3	F1	3	一般

表 3-10（续）

任务	工序	危险有害因素	风险类型	风险及其后果描述	事故类型	风险评估			
						可能性	损失	风险值	风险等级
1. 生产前的准备工作	2. 检查上下顺槽安全出口距离、高度	2. 顺槽出口宽度过小或一端过大，一端过小；高度不够	环	上下顺槽安全出口距离不够或高度不够，人员出入困难，工作面发生紧急情况时人员不能迅速撤离；输送机机头或机尾碰到顺槽副帮或正帮，损坏设备	其他事故	J3	F1	3	一般
	3. 检查超前支护	1. 液压支架工（推移刮板输送机）未检查超前支护或检查不到位	人	不能及时发现超前支架存在问题，发生顶板冒落、单体支柱倾倒、巷道片帮伤人	顶板事故、其他事故	K2	E2	4	一般
		2. 超前支护失效或不符合现场的特殊要求	环	发生顶板冒落、单体支柱倾倒、巷道片帮伤人	顶板事故、其他事故	J3	B5	15	中等
…	…	…	…	…	…	…	…	…	…

四、总结与分析

在对煤矿安全风险辨识评估基础上，可进一步对辨识评估结果进行分析和归类总结，准确掌握煤矿工作任务、工序和危险有害因素的总量、风险等级以及清单，摸清重大风险数量、类别、诱因、后果以及清单等，为后续风险管控工作奠定基础。

SSW 煤矿各级安全风险辨识评估小组组织单位/部门运用工作任务分析法及故障树分析法对全矿生产系统和辅助系统的所有工作任务进行了安全风险辨识评估。全矿 209 项工作任务中可能出现的危险有害因素共有 1785 个，并利用风险矩阵法对辨识出的危险有害因素进行了分级分类和排序。在这些危险有害因素中，按风险类型划分，属于人员方面的危险有害因素 1422 个，属于机器设备方面的危险有害因素有 267 个，属于环境方面的危险有害因素 96 个。按风险等级划分，属重大风险的有 52 个，属中等风险的有 883 个，属一般风险和低风险的有 851 个。在 209 项工作任务中，属于重大风险任务的有 30 项、中等风险任务的 151 项、一般风险任务的 37 项。

按照安全风险分级管控的思想，属于重大风险的 52 个危险有害因素的管控将是 SSW 煤矿安全管理中的重中之重。SSW 煤矿危险有害因素辨识评估结果统计分析情况见表 3-11。SSW 煤矿重大风险任务清单、中等风险任务清单、一般风险任务清单汇总情况分别见表 3-12、表 3-13 和表 3-14。

表 3-11　SSW 煤矿危险有害因素辨识评估结果统计分析　　个

单位	风险等级及类型																				合计
	Ⅴ级 Ⅴ级(30~36)				Ⅳ级 Ⅳ级(18~25)				Ⅲ级 Ⅲ级(9~16)				Ⅱ级 Ⅱ级(3~8)				Ⅰ级 Ⅰ级(1~2)				
	人	机	环	管	人	机	环	管	人	机	环	管	人	机	环	管	人	机	环	管	
综采队	0	0	0	0	16	2	0	0	150	45	19	0	173	31	7	0	0	0	0	0	443
连采队	0	0	0	0	8	0	1	0	202	30	21	0	26	8	2	0	0	1	0	0	299
机电队	0	0	0	0	12	0	0	0	56	5	7	0	95	5	4	0	0	0	0	0	184
运转队	0	0	0	0	6	0	0	0	58	35	0	0	170	21	0	0	0	0	0	0	290
通风队	0	0	0	0	3	1	1	0	46	1	5	0	3	12	4	0	0	0	0	0	76
汽车队	0	0	0	0	0	0	0	0	49	15	4	0	29	3	2	0	0	0	0	0	102
生产服务中心	0	0	0	0	0	0	0	0	56	10	0	0	68	2	1	0	0	0	0	0	137
调度中心	0	0	0	0	0	0	0	0	6	0	0	0	9	0	0	0	0	0	0	0	15

表 3-11（续）　　个

单位	风险等级及类型																				
	Ⅴ级 Ⅴ级(30~36)				Ⅳ级 Ⅳ级(18~25)				Ⅲ级 Ⅲ级(9~16)				Ⅱ级 Ⅱ级(3~8)				Ⅰ级 Ⅰ级(1~2)				合计
	人	机	环	管	人	机	环	管	人	机	环	管	人	机	环	管	人	机	环	管	
机电信息中心	0	0	0	0	0	0	0	0	0	0	0	0	12	1	1	0	2	1	0	0	17
承包商	0	0	0	0	2	0	0	0	24	6	15	0	54	15	0	0	0	0	0	0	116
生活服务部	0	0	0	0	0	0	0	0	14	2	2	0	64	14	0	0	9	1	0	0	106
合计	0	0	0	0	47	3	2	0	661	149	73	0	703	112	21	0	11	3	0	0	1785

表 3-12　SSW 煤矿重大风险任务清单

序号	任务名称	风险值	序号	任务名称	风险值	序号	任务名称	风险值
1	放顶与初次来压	24	11	连采机割煤	20	21	看护拖移电缆	20
2	综采机割煤	20	12	使用遥控器操作连采机	20	22	电气焊加工、检修	18
3	两巷超前支护	20	13	给料破碎机运行	20	23	取装火工品	18
4	单轨吊的拆安	20	14	连采机检修	20	24	焊接溜槽、护煤槽	18
5	三机检修	20	15	变电所停电	20	25	更换带式输送机电机轴承	18
6	采煤机检修	20	16	变电所送电	20	26	配电柜除尘	18
7	支架检修	20	17	移动变电站停电	20	27	检修电气设备	18
8	拉回柱绞车	20	18	移动变电站送电	20	28	更换对轮（蛇形簧）	18
9	处理拒爆	20	19	高低压电缆敷设与电气设备连接	20	29	综采工作面上隅角瓦斯超限处理	18
10	连采机在空顶下故障停机	20	20	检修井下电气设备	20	30	通风质量验收	18

表 3-13　SSW 煤矿中等风险任务清单

序号	任务名称	风险值	序号	任务名称	风险值	序号	任务名称	风险值	序号	任务名称	风险值
1	控制台操作	16	13	带式输送机行车过桥的回收	16	25	车辆接送人员	16	37	处理煤仓漏斗堵口	15
2	起吊作业	16	14	更换滚筒	16	26	车辆运送货物	16	38	盲巷内瓦斯检查及通风机停风处理	15
3	更换转载机机尾链轮	16	15	更换 CST	16	27	手动葫芦操作	16	39	大巷维护	15
4	监护刮板机运行	16	16	更换滚筒轴承	16	28	敲帮问顶	16	40	检修电器设备	15
5	梭车运煤	16	17	有害气体的检查	16	29	生产前的准备工作	15	41	火工品运输	15
6	使用锚杆机进行支护	16	18	车辆接送人员	16	30	运煤车运煤	15	42	锚杆、网片架设	15
7	安装、延伸连采工作面带式输送机	16	19	车辆运送货物	16	31	铲车运行	15	43	领料前准备	15
8	连采设备搬家倒面	16	20	吊装货物	16	32	连采工作面带式输送机运输	15	44	清理水仓	15
9	连采工作面辅助工作	16	21	叉装货物	16	33	高低压电缆拆线与回收	15	45	开机前的准备工作	12
10	连采工作面电气焊	16	22	装载货物	16	34	带式输送机机头回收	15	46	设备列车管理	12
11	变电所检修	16	23	锚索支护	16	35	带式输送机机头安装	15	47	带式输送机件、水管的拆除	12
12	带式输送机行车过桥的安装	16	24	喷浆支护	16	36	更换带式输送机电机	15	48	取油样	12

表 3-13（续）

序号	任务名称	风险值	序号	任务名称	风险值	序号	任务名称	风险值	序号	任务名称	风险值
49	搬家倒面前挂网	12	64	铲车检修	12	79	输送带接头、输送带订扣	12	94	监控设备安装	12
50	更换采煤机滚筒及摇臂	12	65	运煤车检修	12	80	操作带式输送机	12	95	监测监控设备维护	12
51	更换转载机驱动部	12	66	梭车检修	12	81	系统各滚筒及电机注油	12	96	监控设备的检修	12
52	更换运输机驱动部及电机	12	67	给料破碎机检修	12	82	更换护煤皮	12	97	便携仪器的调校	12
53	更换电缆夹子	12	68	连采工作面电气设备检修	12	83	更换带式输送机架子	12	98	测风	12
54	处理架前大块煤	12	69	连采工作面带式输送机检修	12	84	更换 CST 冷却泵	12	99	测尘	12
55	处理溜槽内的大块煤	12	70	连采工作面供电	12	85	更换 CST 循环风扇	12	100	通风系统调整	12
56	更换采煤机牵引部	12	71	连采工作面供排水	12	86	更换液力偶合器	12	101	检查车辆电路、电器系统	12
57	更换刮板输送机机头链轮	12	72	连采工作面通风	12	87	CST、减速箱周期性换油	12	102	大修发动机、变速箱、后桥	12
58	更换采煤机破碎机	12	73	供排水管路安装	12	88	带式输送机巷安装过桥	12	103	车辆转向、制动系统检修	12
59	处理电缆漏电	12	74	供排水管路回收	12	89	处理转载机堵大块	12	104	车辆前后钢板检修	12
60	处理支架压死	12	75	主通风机检修	12	90	破碎机堵大块的处理	12	105	车辆小件检修	12
61	探底煤	12	76	CST、变频器的减速器取油样	12	91	入井前准备	12	106	搅拌沙灰	12
62	连采机开机前准备工作	12	77	更换带式输送机巷照明灯泡	12	92	掘进工作面瓦斯超限处理	12	107	安装风门	12
63	锚杆机检修	12	78	撤储带仓输送带	12	93	临时停风地点瓦斯排放	12	108	冲洗巷道煤尘	12

表 3-13（续）

序号	任务名称	风险值	序号	任务名称	风险值	序号	任务名称	风险值	序号	任务名称	风险值
109	安装隔爆水袋	12	120	多人配合作业	12	131	更换转载机刮板链	9	142	掏槽及清理浮煤（矸）	9
110	打风障	12	121	刮板输送机安装	10	132	更换刮板输送机刮板链	9	143	密闭砌筑	9
111	拆密闭	12	122	刮板输送机回收	10	133	拉移变	9	144	打板闭	9
112	集中控制	12	123	回收带式输送机	10	134	主排水泵安装	9	145	拆风障	9
113	更换路灯	12	124	安装风桥	10	135	主排水泵回收	9	146	拆板闭	9
114	充灯	12	125	综合自动化及安全监测、监控	10	136	带式输送机运行中检查	9	147	拆隔爆水带	9
115	混凝土浇筑	12	126	质量检查	10	137	更换带式输送机架托辊	9	148	焊接管路	9
116	管路拆装	12	127	相关证件的办理	10	138	更换破碎机截齿	9	149	更换日光灯	9
117	井下爆破作业	12	128	清煤	9	139	拆装轮胎	9	150	爆破前准备	9
118	清淤垫底	12	129	改变设备布置（两顺槽采用超前支架支护）	9	140	车辆润滑	9	151	登高作业	9
119	入井前准备	12	130	电气焊作业（综采）	9	141	防爆车辆的防爆检查	9			

表 3-14　SSW 煤矿一般风险任务清单

序号	任务名称	风险值	序号	任务名称	风险值	序号	任务名称	风险值
1	临时轨道拆安	8	14	烹调	8	27	开班前会	6
2	气动扳手的使用	8	15	火工品井下临时存放	8	28	生产调度	5
3	机加工	8	16	大巷抽排水	6	29	水泵房开泵	4
4	主要通风机启机	8	17	清理除铁器杂物	6	30	水泵房停泵	4
5	主要通风机反风启动	8	18	冲洗巷道	6	31	主通风机停机	4
6	调整带式输送机跑偏	8	19	车辆归队停放	6	32	主通风机反风停机	4
7	回收输送带架、水管	8	20	取煤样	6	33	浮煤、淤泥清理	4
8	检修下水道	8	21	自动化系统巡检及维护	6	34	机电管理	4
9	清扫道路、楼内及环境卫生	8	22	检修水暖管道（室内）	6	35	井下电气开关的安装	3
10	管护草坪	8	23	浴池清扫	6	36	井下电气设备的回收	3
11	管护树墙	8	24	浴池日常维护	6	37	计算机网络系统的维护	3
12	洗衣	8	25	清洁餐厅和厨房卫生	6			
13	餐厅服务	8	26	车棚管护	6			

第三节　安全风险管控措施制定流程

为了将风险降低至可接受程度，煤矿需要针对风险采取相应控制措施。这些措施包括工程技术措施、管理措施、培训教育措施、个体防护措施和应急处置措施等。

危险有害因素是产生风险的根源，因此安全风险管控措施的制定应基于对危险有害因素的详细分析，提炼出具体的风险管理对象，只有针对这些管理对象制定相应的管控措施，才能最终实现对风险的管控。安全风险管控措施的制定一般包括管理对象提炼、管理标准和措施制定、管理标准和措施审核等步骤。

一、管理对象提炼

风险管理对象是指可能产生或存在风险的主体，它与危险有害因素密切相关。在安全风险辨识评估基础上，对确定的危险有害因素进行分析，逐一提炼出具体管理对象，确定相关责任人和监管部门、监管人员。

二、管理标准和措施制定

风险管理标准是针对管理对象所制定的以消除或控制风险的准则，风险管理措施是指达到风险管理标准的具体方法、手段。在确定了管理对象的前提下，应根据相关法律、法规、标准、规程、规范以及事故统计表、监测报告等相关资料，编写风险管理标准与措施，制定的管理标准和措施可填入表 3-15 所示的表格中。具体管理措施制定原则、策略选择等内容将在下一章详细阐述。

三、管理标准和措施审核

在风险管理标准与管理措施制定过程中，应随时组织参与人员讨论解决工作过程中出现的问题。在管理标准与管理措施初稿完成后，应组织相关专家对初稿进行审核，并根据审核意见修改、完善，最后将审核、修改后的风险管理标准与管理措施汇总成册，分发给基层员工学习和执行。

在安全风险管控措施制定过程中，应根据《煤矿安全生产标准化基本要求及评分方法（试行)》的要求，按照安全风险辨识评估要求，确定组织人、参与部门和人员。

表 3-15 所列为 SSW 煤矿综采队的危险源风险管理标准与管理措施，可为类似煤矿提供参考。

表 3-15　SSW 煤矿综采队的危险源风险管理标准与管理措施

任务	工序	危险有害因素	风险类型	风险及其后果描述	事故类型	风险评估				管理对象	管理标准	主要责任人	直接管理人员	主要监管部门	主要监管人员	管理措施
						可能性	损失	风险值	风险等级							
一、生产前的准备工作	1. 有害气体检查与记录填写	1. 瓦检员未检查有害气体浓度或检查不到位，出现错检、漏检、假检等现象	人	不能及时发现有害气体超限，造成缺氧窒息、有害气体中毒、瓦斯燃烧或爆炸	瓦斯事故	K2	A6	12	中等	兼职瓦检员	1. 兼职瓦检员每班对综采工作面的瓦斯和二氧化碳浓度检测 2 次；对综采工作面上隅角一氧化碳、氧气等气体浓度检测 2 次； 2. 要求每班检查 2 次瓦斯和二氧化碳浓度的地点，检查时间间隔要均匀，严禁在半班内完成全部检查次数； 3. 每次检查完毕后及时填写记录及牌板，记录要做到“三对口”，字迹要工整、清晰，严禁虚填假签，杜绝空班、脱岗	兼职瓦检员	带班队长	安监处、通风队	安监员、瓦检员	1. 由瓦检员、安监员负责监督工作面的瓦斯检查情况，发现问题及时纠正； 2. 当班瓦检员请假，队里安排其他有资质的瓦检员进行检查瓦斯，严禁瓦斯空班漏检； 3. 由通风队专职瓦检员负责每天检查“三对口”
		2. 瓦斯检查仪器故障	机	不能准确读数，及时发现有害气体超限，造成缺氧窒息、有害气体中毒、瓦斯燃烧或爆炸	瓦斯事故	K2	A6	12	中等	光学瓦检仪	光学瓦检仪部件完整、电路畅通、光谱清晰、气路畅通不漏气；药品颗粒直径 3~5 mm，不结块、不变色	兼职瓦检员	带班队长	安监处、通风队	安监员、瓦检员	1. 瓦检员入井前必须对所携带的光学瓦检仪及辅助工具进行检查，发现不完好及时更换； 2. 通风队管理人员应每月对光学瓦检仪进行一次检查，发现光学瓦检仪不完好的应及时进行维修

表 3-15（续）

任务	工序	危险有害因素	风险类型	风险及其后果描述	事故类型	风险评估				管理对象	管理标准	主要责任人	直接管理人员	主要监管部门	主要监管人员	管理措施
						可能性	损失	风险值	风险等级							
一、生产前的准备工作	2. 检查上下顺槽安全出口距离、高度	1. 带班队长未检查上下顺槽的安全出口或检查不到位	人	不能及时发现上下顺槽安全出口距离或高度不够，人员出入困难，工作面发生紧急情况时人员不能迅速撤离；输送机机头或机尾碰到顺槽副帮或正帮，损坏设备	其他事故	J3	F1	3	一般	带班队长	1. 带班队长接班后，必须检查上下顺槽的安全出口距离，安全出口距离宽度不低于 700 mm，高度不低于 1.8 m，无杂物和片帮煤堆集，出口畅通，方可作业； 2. 当班带班队长检查发现安全出口宽度小于 700 mm，或有小于 700 mm 的趋势时，必须安排当班加刀或甩刀，调整工作面，保证安全出口宽度不小于 700 mm； 3. 当班带班队长检查发现安全出口高度小于 1.8 m，立即起底爆破	带班队长	队长	安监处、生调中心、生产办	安监员、采掘专检人员	生产调度中心负责每班验收安全出口距离，发现宽度小于 700 mm 时，对责任人进行相应的处罚

表 3-15（续）

任务	工序	危险有害因素	风险类型	风险及其后果描述	事故类型	风险评估				管理对象	管理标准	主要责任人	直接管理人员	主要监管部门	主要监管人员	管理措施
						可能性	损失	风险值	风险等级							
一、生产前的准备工作	2. 检查上下顺槽安全出口距离、高度	2. 顺槽出口宽度过小或一端过大，一端过小；高度不够	环	上下顺槽安全出口距离不够或高度不够，人员出入困难，工作面发生紧急情况时人员不能迅速撤离；输送机机头或机尾碰到顺槽副帮或正帮，损坏设备	其他事故	J3	F1	3	一般	两顺槽安全出口	安全出口的宽度不得小于0.7 m；高度不小于1.8 m	班长	带班队长	安监处、生调中心、生产办	安监员、采掘专检人员	1. 当班带班队长检查发现安全出口宽度小于700 mm，或有小于700 mm的趋势时，必须安排当班加刀或甩刀，调整工作面，保证安全出口宽度不小于700 mm； 2. 当班带班队长检查发现安全出口高度小于1.8 m，立即进行起底爆破

表 3-15（续）

任务	工序	危险有害因素	风险类型	风险及其后果描述	事故类型	风险评估				管理对象	管理标准	主要责任人	直接管理人员	主要监管部门	主要监管人员	管理措施
						可能性	损失	风险值	风险等级							
一、生产前的准备工作	3. 检查超前支护	1. 液压支架工（推移刮板输送机）未检查超前支护或检查不到位	人	不能及时发现超前支架存在问题，发生顶板冒落、单体支柱倾倒、巷道片帮伤人	顶板事故、其他事故	K2	E2	4	一般	液压支架工（推移刮板输送机）	1. 液压支架工负责检查确认两顺槽超前支护距离不小于 20 m； 2. 液压支架工在两端头推移刮板输送机前必须检查超前支架的底座距离刮板输送机机尾电机铲煤板距离不小于 0.9 m； 3. 液压支架工检查并确保超前支架的初撑力达到 25.2 MPa 以上、侧翻梁全部打开； 4. 液压支架工检查确认超前支架位置合理	液压支架工（推移刮板输送机）	带班队长	安监处、生调中心、生产办	安监员、采掘专检人员	1. 带班队长负责对支架工检查情况进行监督，发现两顺槽超前支护不符合要求，立即组织人员整改； 2. 采掘专检人员、安监员负责监督两顺槽超前支护情况，发现不合格，立即停止工作面作业，并组织人员整改，对液压支架工进行相应处罚

表 3-15（续）

任务	工序	危险有害因素	风险类型	风险及其后果描述	事故类型	风险评估				管理对象	管理标准	主要责任人	直接管理人员	主要监管部门	主要监管人员	管理措施
						可能性	损失	风险值	风险等级							
一、生产前的准备工作	3. 检查超前支护	2. 超前支护失效或不符合现场的特殊要求	环	发生顶板冒落、单体支柱倾倒、巷道片帮伤人	顶板事故、其他事故	J3	B5	15	中等	超前支架布置	1. 两顺槽超前支护距离不小于 20 m； 2. 两顺槽的超前支架必须达到初撑力 25.2 MPa 以上； 3. 超前支架组后架底座距离刮板输送机机尾电机铲煤板距离不大于 1.2 m； 4. 遇到特殊情况时及时对超前支护形式进行补充； 5. 超前支架的侧翻梁、前挑梁必须全部打开	液压支架工（推移刮板输送机）	带班队长	安监处、生调中心、生产办	安监员、采掘专检人员	1. 液加支架工对超前支护情况进行检查，对不符合要求的情况，必须进行处理； 2. 采掘专检人员、安监员负责监督检查超前支护情况，发现问题立即组织人员整改
…	…	…	…	…	…	…	…	…	…	…	…	…	…	…	…	…

第四节　重大安全风险清单

煤矿在风险辨识基础上，采用选定的风险评估方法进行风险评估。根据安全风险分级管控的要求，被认定为重大的风险类型应是煤矿当前管控的重点，并以清单的形式单独列出。

由于风险辨识评估方法不同，对风险的描述会略有差异。一般认为，安全风险清单应至少包括风险名称、风险位置、风险类别、风险等级、管控主体、管控措施等内容。具体表格可参照表3-16设计。

表3-16　××煤矿××年度重大安全风险清单（1）

序号	风险地点	风险描述	风险类型	风险评估				管控措施	管控层级	管控责任人
				可能性	损失	风险值	风险等级			

除了经过风险辨识评估确定的重大安全风险，煤矿可以将可能涉及违反法律法规规定的项目直接判定为重大风险，须制定相应的管控措施进行管控。具体表格可参照表3-17设计。

表3-17　××煤矿××年度重大安全风险清单（2）

序号	违规项目	法规依据	法规要求	违规描述	整改措施	管控层级

重大风险清单可以按照表3-16、表3-17所列的内容对风险进行描述，也可以进行更为详细的描述。如采用工作任务法和风险矩阵分析法对煤矿安全风险进行辨识评估时，辨识确定的安全风险可以从任务、工序、危险有害因素、风险类型、风险及其后果描述、事故类型、风险评估、管理对象、管理标准、主要责任人、直接管理人员、主要监管部门、主要监管人员和管理措施等方面进行描述。对风险描述的越详细、清楚，制定的管控措施就越有针对性，对管控措施的实施越有利，管控效果也会越好。

表3-18所列为SSW煤矿利用工作任务法和风险矩阵法通过辨识评估确定的重大风险清单，可以为类似煤矿重大安全风险的辨识评估提供参考。

第五节　安全风险辨识评估报告

在《煤矿安全生产标准化基本要求及评分方法（试行）》中，要求煤矿在年度安全风险辨识工作完成后，及时编制安全风险辨识报告。报告可以参照如下的结构撰写。

××年度××煤矿安全风险辨识评估报告

一、安全风险辨识评估参与人员

辨识评估小组组长由矿长（经理）担任，副组长由总工程师、安全副矿长（副经理）、生产副矿长（副经理）、机电副矿长（副经理）等分管负责人担任，成员包括相关业务科室、区队负责人和业务骨干等。

二、矿井及危险因素概况

矿井概况：矿井地理位置、地质和开采条件、开采方法和工艺以及生产能力等。

危险因素概况：井工煤矿概略介绍瓦斯、水、火、煤尘、顶板、冲击地压及提升运输系统存在的危险因素；露天煤矿概略介绍边坡、爆破、机电运输等存在的危险因素。

三、安全风险辨识评估范围

安全风险辨识评估范围包括矿井各生产系统、根据矿井年度生产计划确定的回采和掘进范围等。

四、安全风险辨识评估

概述安全风险辨识评估小组组长组织召开的辨识评估工作会议情况，包括职责分工、时间安排、内容及辨识评估知识培训以及辨识评估过程等。

阐述安全风险辨识工作采用的风险辨识方法，详细描述辨识出的安全风险，至少包括风险名称、危险有害因素、风险位置、风险类别等内容。

阐述安全风险评估工作采用的方法，阐述经过安全风险评估后确定的重大安全风险情况。详细的重大安全风险清单可以用附件的形式列出。

五、安全风险管控措施

阐述针对辨识出的重大安全风险，制定的安全风险管控措施情况。详细的重大安全风险管控措施可以用附件的形式列出。

阐述依据辨识评估结果，下一年度安全工作重点需要加强的工作（如对灾害预防和处理计划的修订、应急预案的补充和完善等）和其他相关工作。

附件

包括煤矿重大安全风险清单、重大安全风险管控措施、灾害预防和处理补充计划等。

表 3-18 SSW 煤矿重大安全风险清单

序号	任务	工序	危险有害因素	风险类型	风险及其后果描述	事故类型	风险评估				管理对象	管理标准	主要责任人	直接管理人员	主要监管部门	主要监管人员	管理措施
							可能性	损失	风险值	风险等级							
1	割煤	拉架	拉架时架前、架间、支架内有人作业，液压支架工（推移刮板输送机）未通知其撤离，盲目拉架	人	造成支架或架间液管挤伤人员，顶板漏矸伤人	顶板事故、其他事故	I4	B5	20	重大	液压支架工（推移刮板输送机）	液压支架工拉架前，必须检查架前、架间、架内是否有人员工作，发现有人员工作时，通知其撤离，只有在人员撤离到安全地点后，方可拉架	液压支架工（推移刮板输送机）	带班队长	安监处	安监员	安监处、带班队长抽查液压支架工拉架时，发现液压支架工拉架时架前、架间、架内有人员作业，对其进行相应的处罚

表 3-18（续）

序号	任务	工序	危险有害因素	风险类型	风险及其后果描述	事故类型	风险评估				管理对象	管理标准	主要责任人	直接管理人员	主要监管部门	主要监管人员	管理措施
							可能性	损失	风险值	风险等级							
2	两巷超前支护	支设单体支柱	支设单体前未检查单体完好及检查不到位	人	未及时发现单体不完好，上方顶板破碎，在升柱过程中出现柱帽脱落、高压液体射出或顶板冒落、片帮等情况，伤害工作人员	顶板事故、其他事故	I4	B5	20	重大	超前维护工	1. 超前维护工打设单体前必须认真检查单体的完好情况，失效、泄液的单体必须分开存放，标记清楚，及时升井，以免误用； 2. 单体支柱采用 PDZA-3.8 型液压支柱，活柱伸缩灵活，不卸液，不漏液，单体的初撑力必须 185 kN，工作阻力必须达到 250 kN，工作压力 20 MPa	超前维护工	带班队长	安监处、生产调度中心、生产办	安监员、采掘专检人员	1. 技术员利用班前会时间对打设单体的措施进行详细的贯彻，说明打设单体前，检查单体完好的重要性； 2. 带班队长负责监督检查员工的作业行为，发现员工作业前未检查单体，必须立即停止其作业，并重新进行不少于 24 h 的培训； 3. 生产调度中心、生产办以及安监员负责监督检查此项工作，每发现一次员工作业前未检查单体的完好情况，对责任人进行相应的处罚

表 3-18（续）

序号	任务	工序	危险有害因素	风险类型	风险及其后果描述	事故类型	风险评估				管理对象	管理标准	主要责任人	直接管理人员	主要监管部门	主要监管人员	管理措施
							可能性	损失	风险值	风险等级							
3	两巷超前支护	支设单体支柱	防倒绳未系牢或单体不垂直于顶、底板	人	单体支柱发生倾倒	其他事故	I4	B5	20	重大	超前维护工	防倒绳必须系牢靠，并将绳子的两端头与顶板锚杆和帮网连接牢靠	超前维护工	带班队长	安监处、生产调度中心、生产办	安监员、采掘专检人员	采掘专检人员、生产办以及安监员负责监督检查此项工作，发现超前维护工未按照规定的单体间距打设单体、打设完单体未系防倒绳时，对责任人进行相应的处罚，并要求其立即整改，并重新进行不少于 24 h 的培训
4			单体未按照规定的间排距打设，或保险绳未系牢固	人	未起到支撑效果或单体倾倒造成顶板冒落伤人、单体倾倒伤人	顶板事故	I4	B5	20	重大	超前维护工	单体间距不得超过 1.5 m，打好单体后必须将单体的保险绳系在牢固可靠处	超前维护工	带班队长	安监处、生产调度中心、生产办	安监员、采掘专检人员	安监处、带班队长负责检查单体是否按照规定的间距搭设，对于未按照要求打设，必须立即组织人员整改，并对责任人进行相应的处罚

表 3-18（续）

序号	任务	工序	危险有害因素	风险类型	风险及其后果描述	事故类型	风险评估				管理对象	管理标准	主要责任人	直接管理人员	主要监管部门	主要监管人员	管理措施
							可能性	损失	风险值	风险等级							
5	两巷超前支护	超前支架作为超前支护	回风巷作业，人员监护不到位或监护人员站立位置不当	人	人员监护不到位，拉坏监测电缆或水管或破坏现有的支护效果，造成冒顶，人员站立位置不当，移动超前支架时，破坏顶板，造成顶板掉渣、磷皮伤人	顶板事故	I4	B5	20	重大	液压支架工（推移刮板输送机）	液压支架工（推移刮板输送机）进入回风顺槽作业时，至少两人，指定专人在超前支架内负责监护	液压支架工（推移刮板输送机）	带班队长	安监处、生产调度中心、生产办	安监员、采掘专检人员	安监处、带班队长负责监督液压支架工进入回风顺槽是否有人监护作业，每发现一次无人监护时，必须要求其立即整改，发现监护人员未按照要求站在超前支架内，必须立即要求其整改，并重新对监护人员进行不少于 8 h 的培训

表 3-18（续）

序号	任务	工序	危险有害因素	风险类型	风险及其后果描述	事故类型	风险评估				管理对象	管理标准	主要责任人	直接管理人员	主要监管部门	主要监管人员	管理措施
							可能性	损失	风险值	风险等级							
6	单轨吊的拆、安	将连接螺栓及附件拆掉，放下单轨吊	拆卸单轨吊时，无人员监护	人	人员高空掉落，造成伤害	其他事故	I4	B5	20	重大	马蒂尔司机	马蒂尔司机拆单轨吊时必须两人配合，人员站立于梯子上，拆卸吊挂点剩一处时，先将单轨吊一头在转载机减速器上担稳，再一人抬住单轨吊，一人拆卸，拆卸完后两人缓缓将单轨吊放于地上	马蒂尔司机	带班队长	安监处	安监员	1. 带班队长负责安排人员监护拆卸单轨吊； 2. 监护人员必须站在带式输送机闭锁附近，出现异常情况时，及时停止皮带

表 3-18（续）

序号	任务	工序	危险有害因素	风险类型	风险及其后果描述	事故类型	风险评估				管理对象	管理标准	主要责任人	直接管理人员	主要监管部门	主要监管人员	管理措施
							可能性	损失	风险值	风险等级							
7	『三机』检修	紧链马达操作	解马达前没有释放刮板链张力	人	解马达时，刮板链张力未释放，刮板链突然转动，造成人员伤害	机电事故	H5	C4	20	重大	刮板输送机司机	刮板输送机司机工作完成后，使用液压控制阀反向移动链条，释放刮板链张力	刮板输送机司机	带班队长	安监处、机电信息中心	安监员、机电专检人员	机电队长负责检查解马达前是否释放刮板链张力，发现其未按照要求，必须要求其立即整改，并对责任人进行相应的处罚
8			使用马达时，马达出液口未固定	人	马达出液口喷射高压液体伤人	其他事故	H5	C4	20	重大	刮板输送机司机	刮板输送机司机在使用马达前必须确认马达出液口已经固定，同时严禁人员在出液口站立	刮板输送机司机	带班队长	安监处、机电信息中心	安监员、机电专检人员	1. 包机人负责每天检查马达出液口是否固定，发现马达未固定时，必须立即整改； 2. 跟班队长负责使用马达前检查马达出液口是否固定，发现其不符合要求，必须立即要求刮板输送机司机整改

表 3-18（续）

序号	任务	工序	危险有害因素	风险类型	风险及其后果描述	事故类型	风险评估				管理对象	管理标准	主要责任人	直接管理人员	主要监管部门	主要监管人员	管理措施
							可能性	损失	风险值	风险等级							
9	『三机』检修	处理刮板机断链	进行起吊作业时，未安装防护链	人	进行起吊作业时，链断将进入起吊物件下作业的人员砸伤	机电事故	I4	B5	20	重大	综采维修钳工	综采维修钳工在起吊大型设备时，除了起吊用具外，还必须加防护链，以确保安全	综采维修钳工	机电副队长	安监处、机电信息中心	安监员、机电专检人员	1. 机电副队长、检修班长负责检查此项工作； 2. 加强培训，提高员工的安全意识和对风险的认识
10	采煤机检修	更换截齿	人员蹬上滚筒更换截齿	人	人员高空作业时，从滚筒上滑落，造成人员伤害	其他事故	H5	C4	20	重大	综采机司机	综采机司机更换截齿时，人员不得蹬上滚筒更换截齿	综采机司机	带班队长	安监处、机电信息中心	安监员、机电专检人员	1. 安监员、带班队长负责监督更换截齿作业，发现人员蹬上滚筒更换截齿，必须立即停止其作业，并对责任人进行相应的处罚； 2. 停机时必须将采煤机的滚筒放在底板上

表 3-18（续）

序号	任务	工序	危险有害因素	风险类型	风险及其后果描述	事故类型	风险评估				管理对象	管理标准	主要责任人	直接管理人员	主要监管部门	主要监管人员	管理措施
							可能性	损失	风险值	风险等级							
11	支架检修	清理支架前大块煤和架内浮煤	人员架前作业时，未打开护帮板或未打到位	人	片帮伤人	顶板事故	H5	C4	20	重大	综采维修钳工	综采维修钳工在护帮板打出后，方可架前作业	综采维修钳工	机电副队长	安监处	安监员	安监员发现支架护帮板每有一处（3~5 架）没有打开，对责任人进行相应的处罚
12	支架检修	闭锁本架，关闭进液截止阀	更换支架液管完毕后，采用单腿销或异形销	人	单腿销或异形销因液管压力大，飞出伤人	其他事故	I4	B5	20	重大	综采维修钳工	综采维修钳工必须采用合适的 U 型销将液压胶管连接到位，不得用单腿销或用铁丝代替	综采维修钳工	机电副队长	安监处、机电信息中心	安监员、机电专检人员	机电专检人员发现一处液压胶管及接头连接不可靠或采用单腿销、铁销等，对责任人进行相应的处罚

表 3-18（续）

序号	任务	工序	危险有害因素	风险类型	风险及其后果描述	事故类型	风险评估				管理对象	管理标准	主要责任人	直接管理人员	主要监管部门	主要监管人员	管理措施
							可能性	损失	风险值	风险等级							
13	支架检修	护帮板及侧护板的检修	人员更换护帮板液管时，输送机突然起动	人	输送机启动时，人员不慎掉下，造成人员伤害	其他事故	I4	B5	20	重大	刮板输送机司机	刮板输送机司机在进行检修前必须停机闭锁，且通知控制台操作工断开电源	刮板输送机司机	机电副队长	安监处、机电信息中心	安监员、机电专检人员	跟班队长负责监督、检修前，是否闭锁“三机”，并通知控制台切断电源，发现其未按照要求作业，对责任人进行相应的处罚，并要求其立即整改
14		液压管路、元件的检修或更换	更换立柱安全阀或立柱的压力传感器，降架高度不够	人	降架高度不够，立柱下腔仍然存在压力，更换时，安全阀或弹起或液管抖动伤人	机电事故	I4	B5	20	重大	综采维修钳工	综采维修钳工首先将支架下降 30 cm 以上，再关闭另一个立柱的进液截止阀，然后升起支架，卸掉压力后更换立柱安全阀	综采维修钳工	机电副队长	安监处、机电信息中心	安监员、机电专检人员	机电副队长、技术员不定期抽查员工的作业行为，规范其作业，指出安全阀未泄压或泄压不完全的危害性

表 3-18（续）

序号	任务	工序	危险有害因素	风险类型	风险及其后果描述	事故类型	风险评估				管理对象	管理标准	主要责任人	直接管理人员	主要监管部门	主要监管人员	管理措施
							可能性	损失	风险值	风险等级							
15	放顶与初次来压	撤出综采人员	人员未躲避在爆破警戒线以外	人	将人员吹倒	其他事故	I4	A6	24	重大	带班队长	带班队长在爆破前，必须将人员撤离到距离工作面不小于 500 m 的联巷内	带班队长	队长	安监处	安监员	1. 技术员利用班前会时间对初次来压前的措施进行详细、反复的贯彻，说明其危害性，提高员工对初次来压危害的重视； 2. 带班队长未按照规定组织人员躲避在合适地点，对带班队长进行追查处理
16		设置警戒	未按要求设置警戒	人	人员误入，爆破崩伤人员	爆破事故	J3	A6	18	重大	瓦检员	瓦检员在放顶区域内人员全部撤出后，在所有能进入放顶区域路线上设置警戒	瓦检员	通风队队长	安监处	安监员	通风队队长、安监员监督检查瓦检员设置警戒情况

表 3-18（续）

序号	任务	工序	危险有害因素	风险类型	风险及其后果描述	事故类型	风险评估				管理对象	管理标准	主要责任人	直接管理人员	主要监管部门	主要监管人员	管理措施
							可能性	损失	风险值	风险等级							
17	看护拖移电缆	清理电缆夹中间的块煤	处理煤块工具不合适、方法不正确	人	人员用手直接掏电缆槽内的块煤时，将手挂住，造成人员伤害	其他事故	H5	C4	20	重大	超前维护工	超前维护工必须使用木把手锤处理块煤；不得用手掏电缆槽内的块煤；处理坚硬的煤块、夹矸时，必须停机	超前维护工	带班队长	安监处	安监员	安监员、带班队长负责监督超前维护工是否按照要求处理电缆夹内的块煤，发现其作业方法不当，必须要求其立即整改，并重新进行不少于 8 h 的培训
18	拉回柱绞车	支设绞车压柱	单体支柱未达到初撑力	机	拉移变时不能拉动或列车跑车	其他事故	I4	B5	20	重大	单体支柱	单体支柱采用 PDZA-4.2 型液压支柱，活柱伸缩灵活，不卸液，不漏液；初撑力为 185 kN，工作阻力为 200 kN	超前维护工	机电副队长	安监处、生产调度中心	安监员、采掘专检人员	1. 超前维护工使用单体前必须认真检查单体的完好情况，发现变形、失效的单体，严禁使用； 2. 采掘专检人员、带班队长负责日常检查、监督，发现变形、失效的单体，必须要求超前维护工立即整改

表 3-18（续）

序号	任务	工序	危险有害因素	风险类型	风险及其后果描述	事故类型	风险评估				管理对象	管理标准	主要责任人	直接管理人员	主要监管部门	主要监管人员	管理措施
							可能性	损失	风险值	风险等级							
19	连采机割煤	将连采机开到工作面	连采机司机开机时连采机行走范围内有人员及设备	人	未及时发现人员及两帮设备造成人员伤残，损坏设备	机电事故	I4	B5	20	重大	连采机司机	连采机司机开机前要仔细观察，确保在连采机工作范围内无任何人员及设备，开机前，确认截割滚筒附近、连采机运输机摆动范围内没有人员	连采机司机	带班队长	安监处、生产办、生产调度中心	安监员、采掘专检人员	1. 带班队长要随时检查连采机作业时，连采机行走范围内有无闲杂人员及设备，确保连采机作业时安全； 2. 安监员要不定期地检查，一经发现不按规定作业，必须对其进行相应处罚

表 3-18（续）

序号	任务	工序	危险有害因素	风险类型	风险及其后果描述	事故类型	风险评估				管理对象	管理标准	主要责任人	直接管理人员	主要监管部门	主要监管人员	管理措施
							可能性	损失	风险值	风险等级							
20	连采机割煤	连采机割煤	操作连采机不规范或开联巷时摆动、升降机尾	人	操作不规范或连采机摆动机尾挤伤人员	机电事故	I4	B5	20	重大	连采机司机	1. 连采机司机操作连采机割煤运输时，必须保证不能碰撞拖拽电缆和水管及风管； 2. 连采机司机作业时要注意力集中，连采机司机在摆动、升降运输机时，必须提前警示连采机副司机，确认对方接到信号且躲避到安全地段时，方可摆动、升降； 3. 连采机司机操作连采机采垛时，要求连采机运输机左摆 45°； 4. 连采机司机操作连采机退机时，运输机机尾必须与巷道右帮保持 1.5 m 的间距	连采机司机	带班队长	安监处、机电信息中心	安监员、机电专检人员	1. 带班队长要随时检查连采机作业时，连采机行走范围内有无闲杂人员及设备，确保连采机作业时安全； 2. 安监员要不定期地检查，一经发现不按规定作业，必须对其进行相应处罚

表 3-18（续）

序号	任务	工序	危险有害因素	风险类型	风险及其后果描述	事故类型	风险评估				管理对象	管理标准	主要责任人	直接管理人员	主要监管部门	主要监管人员	管理措施
							可能性	损失	风险值	风险等级							
21	连采机割煤	连采机割煤	连采机副司机没有将电缆等设施放在安全位置；连采机副司机和连采机司机、运煤车司机协调不好	人	连采机和运煤车作业期间，损坏电缆、设备，造成人员伤害	机电事故	I4	B5	20	重大	连采机副司机	1. 连采机副司机必须穿反光背心，头戴完好的警示灯，手戴合格的高压绝缘手套； 2. 连采机副司机在连采机切槽、采垛时，将电缆摆好后，必须退出运煤车行驶范围，待退机时，连采机副司机在有支护的地方向外拉电缆，待连采机运输机机尾退到有支护区域并停机后，将电缆挂在机尾电缆钩上，并撤到安全区域，通知连采机司机用连采机将电缆带出空顶区；	连采机副司机	带班队长	安监处、机电信息中心	安监员、机电专检人员	1. 带班队长要随时检查连采机作业时，连采机行走范围内有无闲杂人员及设备，确保连采机作业时的安全； 2. 安监员要不定期地检查，一经发现不按规定作业，对连采机副司机进行相应处罚

表 3-18（续）

序号	任务	工序	危险有害因素	风险类型	风险及其后果描述	事故类型	风险评估				管理对象	管理标准	主要责任人	直接管理人员	主要监管部门	主要监管人员	管理措施
							可能性	损失	风险值	风险等级							
21	连采机割煤	连采机割煤	连采机副司机没有将电缆等设施放在安全位置；连采机副司机和连采机司机、运煤车司机协调不好	人	连采机和运煤车作业期间，损坏电缆、设备，造成人员伤害	机电事故	I4	B5	20	重大	连采机副司机	3. 连采机副司机必须随时观察运煤车运行情况，见运煤车开至距自己20 m以内未停车时，必须及时躲避到安全地点； 4. 连采机副司机必须随时观察连采机运行情况，发现连采机未停机、停泵，运输机机尾距巷道右帮小于1.5 m时，严禁进入挂摘电缆	连采机副司机	带班队长	安监处、机电信息中心	安监员、机电专检人员	1. 带班队长要随时检查连采机作业时，连采机行走范围内有无闲杂人员及设备，确保连采机作业时的安全； 2. 安监员要不定期地检查，一经发现不按规定作业，对连采机副司机进行相应处罚
22			连采机司机割煤时将身体的部位伸出驾驶室外或下机操作连采机	人	顶板鳞片冒落砸伤连采机司机	顶板事故	I4	B5	20	重大	连采机司机	连采机司机在操作连采机时，必须坐在驾驶室内作业，严禁将身体任何部位探出驾驶室外或者离机操作连采机，必须将驾驶门关住，并闭锁可靠	连采机司机	带班队长	安监处、机电信息中心	安监员、机电专检人员	带班队长监督检查连采机作业，发现连采机司机未按要求操作时，进行相应处罚

表 3-18（续）

序号	任务	工序	危险有害因素	风险类型	风险及其后果描述	事故类型	风险评估				管理对象	管理标准	主要责任人	直接管理人员	主要监管部门	主要监管人员	管理措施
							可能性	损失	风险值	风险等级							
23	使用遥控器操作连采机	启动连采机，操作连采机行走、割煤、装煤	连采机司机使用遥控器误操作	人	误操作导致人员伤害，损坏设备或掘进的巷道工程质量差	机电事故	I4	B5	20	重大	连采机司机	连采机司机必须熟练掌握遥控器的功能及使用方法，使用遥控器操作时应集中精力，操作前必须确认所按按键功能	连采机司机	带班队长	安监处、机电信息中心	安监员、机电专检人员	1. 连采队每半年对连采机司机进行一次操作规程理论与实践培训考核； 2. 带班队长、安监员不定期检查，发现连采机司机不按规定作业，并进行相应处罚
24	处理连采机在空顶下故障停机	人工打锚杆支护	顶板、两帮状况差	环	冒顶、片帮造成人员伤害	顶板事故	I4	B5	20	重大	顶板	1. 顶板完整，无离层、无活矸、无磷皮； 2. 巷帮无裂缝	锚杆机司机	带班队长	安监处、生产办、生产调度中心	安监员、采掘专检人员	1. 带班队长现场指挥，严格执行敲帮问顶制度，不安全不作业； 2. 出现连采机在空顶下故障停机时，安监员要盯在现场，发现不安全时坚决制止

表 3-18（续）

序号	任务	工序	危险有害因素	风险类型	风险及其后果描述	事故类型	风险评估				管理对象	管理标准	主要责任人	直接管理人员	主要监管部门	主要监管人员	管理措施
							可能性	损失	风险值	风险等级							
25	处理连采机在空顶下故障停机	连采机司机下机	连采机司机未检查到下机地点顶板、两帮状况差	人	冒顶、片帮造成人员伤残及死亡	顶板事故	I4	B5	20	重大	连采机司机	连采机司机下机前必须观察顶板、两帮的状况，发现顶板有冒落、两帮有片帮的预兆时，要及时通知其他人员进行处理；处理完毕，确认安全后方可下机	连采机司机	带班队长	安监处、机电信息中心	安监员、机电专检人员	1. 带班队长现场指挥，严格执行敲帮问顶制度，发现不安全状况立即制止连采机司机下机； 2. 出现连采机在空顶下故障停机时，安监员要盯在现场，发现不安全时坚决制止连采机司机下机
26	给料破碎机运行	启动、运行给料破碎机	人员违章跨越破碎机或进入接料槽、跌入接料槽	人	给料破碎机运行时，造成人员伤亡	机电事故	I4	B5	20	重大	给料破碎机司机	1. 给料破碎机司机启动给料破碎机前，先检查料斗内是否有人，否则严禁开机； 2. 给料破碎机司机运转给料破碎机时，严禁任何人员登上机器	给料破碎机司机	带班队长	安监处、机电信息中心	安监员、机电专检人员	1. 给料破碎机司机每半年进行一次操作规程培训； 2. 带班队长、安监员在跟班期间要随时检查给料破碎机司机的作业情况，发现未按规定作业，进行相应处罚

表 3-18（续）

序号	任务	工序	危险有害因素	风险类型	风险及其后果描述	事故类型	风险评估				管理对象	管理标准	主要责任人	直接管理人员	主要监管部门	主要监管人员	管理措施
							可能性	损失	风险值	风险等级							
27	连采机检修	将连采机开到顶板无淋水、底板无积水、支护完好的地点	人员经过连采机行走区域	人	连采机行走中挤伤人员、撞坏两帮管线，设备	机电事故	I4	B5	20	重大	连采机司机	1. 连采机司机开机前要仔细观察，确保在连采机工作范围内无任何人员及设备，开机前，确认截割滚筒附近、连采机运输机摆动范围内没有人员； 2. 连采机司机操作连采机行走时，注意不能碰撞拖拽电缆和水管及风管	连采维修钳工	带班队长	安监处、机电信息中心	安监员、机电专检人员	1. 每半年对连采机司机进行操作规程培训； 2. 带班队长、安监员发现连采机司机未按要求作业，进行相应处罚

表 3-18（续）

序号	任务	工序	危险有害因素	风险类型	风险及其后果描述	事故类型	风险评估				管理对象	管理标准	主要责任人	直接管理人员	主要监管部门	主要监管人员	管理措施
							可能性	损失	风险值	风险等级							
28	变电所停电	停电操作	停电操作前未戴绝缘用具	人	停电操作前未戴绝缘用具，设备漏电造成触电事故	机电事故	I4	B5	20	重大	矿井维修电工	1. 矿井维修电工操作高压电气设备（千伏级电气设备）的主回路前，必须戴绝缘手套，穿绝缘靴或站在绝缘台上； 2. 矿井维修电工停开关柜，必须先停断路器，后拉隔离开关	矿井维修电工	机电副队长	安监处、机电信息中心	安监员、机电专检人员	1. 机电队对变电所绝缘用具使用进行日常检查，发现问题及时处理； 2. 安监员、机电专检人员负责对使用绝缘用具进行监督检查，在检查中发现绝缘用具不完好或不按要求使用绝缘用具的要限期整改，并进行处罚； 3. 每年对矿井维修电工进行一次操作规程的培训； 4. 矿井维修电工必须持有操作证，否则不得操作设备，而且必须按操作规程进行操作

表 3-18（续）

序号	任务	工序	危险有害因素	风险类型	风险及其后果描述	事故类型	风险评估				管理对象	管理标准	主要责任人	直接管理人员	主要监管部门	主要监管人员	管理措施
							可能性	损失	风险值	风险等级							
29	变电所停电	对二次侧进行验放电	停电后未进行验电、放电	人	停电后未进行验电、放电，造成触电事故	机电事故	I4	B5	20	重大	矿井维修电工	矿井维修电工停电后，要关掉开关柜的操作电源，使用与验电电压相符的验电器，按照先低压后高压的顺序进行验电，当确认无电压后，利用接地线进行放电	矿井维修电工	机电副队长	安监处、机电信息中心	安监员、机电专检人员	1. 安监员、机电专检人员、机电队管理人中负责对矿井维修电工操作规程进行监督检查，在日常检查中发现停电后未验电、放电的要对作业的矿井维修电工进行处罚； 2. 机电队每年对矿井维修电工进行一次操作规程的培训

表 3-18（续）

序号	任务	工序	危险有害因素	风险类型	风险及其后果描述	事故类型	风险评估				管理对象	管理标准	主要责任人	直接管理人员	主要监管部门	主要监管人员	管理措施
							可能性	损失	风险值	风险等级							
30	变电所送电	填写工作票	工作票填写不清楚或有笔误	人	矿井维修电工看不清工作票内容或工作票上有笔误时，值班员靠猜测自行决定并进行操作，造成误操作发生触电事故	机电事故	I4	B5	20	重大	矿井维修电工	矿井维修电工应检查并确认工作票使用钢笔或圆珠笔填写，字迹正确清楚。设备名称、电压等级、时间、关键动词、接地线编号无修改，其他项修改不得超过两处，且用双划线覆盖。工作内容和工作地点栏注明双重名称（被检修设备的名称及编号）	矿井维修电工	机电副队长	安监处、机电信息中心	安监员、机电专检人员	1. 机电副矿长、机电副总工、机电信息中心主任签发工作票时，必须严格对工作票的内容进行审核； 2. 工作票要有统一编号，工作票按顺序号使用，不得跳号，作废、未执行和已执行的工作票在第一页右上角盖“作废”“未执行”或“已执行”字样的印章；

表 3-18（续）

序号	任务	工序	危险有害因素	风险类型	风险及其后果描述	事故类型	风险评估				管理对象	管理标准	主要责任人	直接管理人员	主要监管部门	主要监管人员	管理措施
							可能性	损失	风险值	风险等级							
30	变电所送电	填写工作票	工作票填写不清楚或有笔误	人	矿井维修电工看不清工作票内容或工作票上有笔误时，值班员靠猜测自行决定并进行操作，造成误操作发生触电事故	机电事故	I4	B5	20	重大	矿井维修电工	矿井维修电工应检查并确认工作票使用钢笔或圆珠笔填写，字迹正确清楚。设备名称、电压等级、时间、关键动词、接地线编号无修改，其他项修改不得超过两处，且用双划线覆盖。工作内容和工作地点栏注明双重名称（被检修设备的名称及编号）	矿井维修电工	机电副队长	安监处、机电信息中心	安监员、机电专检人员	3. 工作票由本项工作的负责人或工作票签发人填写，工作负责人、工作票签发人熟悉工作地段、工作任务、危险点和采取的安全措施； 4. 工作票应逐项填写，不得漏项。某项无内容的应盖“空白”印章； 5. 安监员、机电专检人员负责对工作票的执行进行监督检查，在日常检查中发现工作票填写有误的单位要进行处罚

表 3-18（续）

序号	任务	工序	危险有害因素	风险类型	风险及其后果描述	事故类型	风险评估				管理对象	管理标准	主要责任人	直接管理人员	主要监管部门	主要监管人员	管理措施
							可能性	损失	风险值	风险等级							
31	变电所送电	送电操作	送电操作前未使用绝缘用具	人	送电操作前未使用绝缘用具，设备漏电造成触电事故	机电事故	I4	B5	20	重大	矿井维修电工	矿井维修电工操作高压电气设备（千伏级电气设备）的主回路时，必须戴绝缘手套，穿绝缘靴或站在绝缘平台上	矿井维修电工	机电副队长	安监处、机电信息中心	安监员 机电专检人员	1. 机电队对变电所绝缘用具使用进行日常检查，发现问题及时处理； 2. 安监员、机电专检人员负责对使用绝缘用具进行监督检查，在检查中发现绝缘用具不完好或不按要求使用绝缘用具的要责限期整改，并进行处罚； 3. 机电队每年对矿井维修电工进行一次操作规程的培训

表 3-18（续）

序号	任务	工序	危险有害因素	风险类型	风险及其后果描述	事故类型	风险评估				管理对象	管理标准	主要责任人	直接管理人员	主要监管部门	主要监管人员	管理措施
							可能性	损失	风险值	风险等级							
32	移动变电站停电	通知调度作业地点停电	未通知调度	人	其他用电单位误送电或无法送电，造成人员触电或影响生产	机电事故	I4	B5	20	重大	矿井维修电工	矿井维修电工在移变停电前必须通知调度，详细说明作业地点和停电移变	矿井维修电工	机电副队长	机电信息中心、安监处	调度员、安监员	1. 机电队每年对矿井维修电工进行一次操作规程的培训； 2. 当班调度员对矿井维修电工进行监督，发现其未通知调度，要对作业的矿井维修电工进行处罚
33		停电、闭锁	未按操作规程停电	人	带负荷拉隔离开关易产生电弧、造成短路	机电事故	I4	B5	20	重大	矿井维修电工	矿井维修电工必须先分断路器，再将隔离开关操作手柄拉到接地位置并可靠闭锁，操作高压电气设备必须戴绝缘手套，穿绝缘靴或站在绝缘平台上	矿井维修电工	机电副队长	安监处、机电信息中心	安监员机电专检人员	1. 机电队每年对矿井维修电工进行一次操作规程的培训； 2. 机电副队长、安监员、机电专检人员负责进行监督检查，发现带负荷拉隔离开关要对作业的矿井维修电工进行处罚

表 3-18（续）

序号	任务	工序	危险有害因素	风险类型	风险及其后果描述	事故类型	风险评估				管理对象	管理标准	主要责任人	直接管理人员	主要监管部门	主要监管人员	管理措施
							可能性	损失	风险值	风险等级							
34	移动变电站送电	解除闭锁，送电	合隔离开关缓慢，产生电弧	人	电弧灼伤设备	机电事故	I4	B5	20	重大	矿井维修电工	矿井维修电工应先迅速合上隔离开关，再合上断路器，操作高压电气设备必须戴绝缘手套，穿绝缘靴或站在绝缘平台上	矿井维修电工	机电副队长	安监处、机电信息中心	安监员、机电专检人员	1. 机电队每年对矿井维修电工进行一次操作规程的培训； 2. 安监员、机电专检人员负责监督检查，发现隔离开关产生电弧灼伤设备时，要对作业的矿井维修电工进行处罚
35	高低压电缆敷设与电气设备连接	接线前须停电、闭锁	误停电、误操作	人	造成触电事故	机电事故	I4	B5	20	重大	矿井维修电工	1. 矿井维修电工确认要停电线路的开关，方可进行停电作业； 2. 矿井维修电工停电后，锁好隔离开关手把	矿井维修电工	机电副队长	安监处、机电信息中心	安监员、机电专检人员	1. 每年对矿井维修电工进行一次电工操作规程的培训； 2. 带班队长，现场巡检，发现问题立即处理； 3. 安监员、机电专检人员进行不定期检查，发现接线前未停电、闭锁要对作业的矿井维修电工进行处罚

表 3-18（续）

序号	任务	工序	危险有害因素	风险类型	风险及其后果描述	事故类型	风险评估				管理对象	管理标准	主要责任人	直接管理人员	主要监管部门	主要监管人员	管理措施
							可能性	损失	风险值	风险等级							
36	高低压电缆敷设与电气设备连接	验电、放电	未验电、未放电	人	造成触电事故	机电事故	I4	B5	20	重大	矿井维修电工	矿井维修电工停电后使用与验电电压相符的验电器，按照先低压后高压的顺序进行验电，确认无电压后，利用接地线进行放电	矿井维修电工	机电副队长	安监处、机电信息中心	安监员、机电专检人员	1. 每年对矿井维修电工进行一次操作规程的培训； 2. 安监员、机电专检人员、机电队管理人员负责监督检查，发现接线前未验电、放电要对作业的矿井维修电工进行处罚
37	检修井下电气设备	停电、闭锁	误停电、误操作	人	造成触电事故	机电事故	I4	B5	20	重大	矿井维修电工	1. 矿井维修电工确认要停电线路的开关，操作千伏级线路主回路时必须戴绝缘手套，穿绝缘靴或站在绝缘台上； 2. 矿井维修电工停电后，锁好隔离开关手把	矿井维修电工	机电副队长	安监处、机电信息中心	安监员、机电专检人员	1. 每年对矿井维修电工进行一次操作规程的培训； 2. 带班队长、安监员、机电专检人员负责监督检查，发现接线前未停电、闭锁要对作业的矿井维修电工立即制止，并进行处罚

表 3-18（续）

序号	任务	工序	危险有害因素	风险类型	风险及其后果描述	事故类型	风险评估				管理对象	管理标准	主要责任人	直接管理人员	主要监管部门	主要监管人员	管理措施
							可能性	损失	风险值	风险等级							
38	检修井下电气设备	验电、放电	未验电、未放电	人	造成触电事故	机电事故	I4	B5	20	重大	矿井维修电工	矿井维修电工停电后使用与验电电压相符的验电器按照先低压后高压的顺序进行验电，当确认无电压后，利用接地线进行放电	矿井维修电工	机电副队长	安监处、机电信息中心	安监员、机电专检人员	1. 每年对矿井维修电工进行一次操作规程的培训； 2. 安监员、机电专检人员、机电队管理人员负责监督检查，发现接线前未验电、放电要对作业的矿井维修电工进行处罚
39	电气焊加工、检修	清理现场	火种未灭	人	造成火灾	火灾事故	J3	G6	18	重大	电气焊工	1. 电气焊工工作完毕后，切断电源，灭绝火种； 2. 电气焊工对整个作业地点进行检查，凡是经过加热、烘烤、发生烟雾或蒸汽的低凹处应彻底检查，灭绝火种，清除隐患，确保安全	电气焊工	机电副队长	安监处、机电信息中心	安监员、机电专检人员	1. 每年对电气焊工进行一次电气焊操作规程的培训； 2. 机电队管理人员在日常检查中，发现未清理或清理不干净，要让作业人员重新清理； 3. 安监员、机电专检人员负责检查，发现问题要限期整改，对电气焊工进行处罚

表 3-18（续）

序号	任务	工序	危险有害因素	风险类型	风险及其后果描述	事故类型	风险评估				管理对象	管理标准	主要责任人	直接管理人员	主要监管部门	主要监管人员	管理措施
							可能性	损失	风险值	风险等级							
40	配电柜除尘	检查瓦斯浓度	未检查瓦斯浓度	人	不能及时发现瓦斯浓度超限，在遇明火或放电时导致瓦斯事故	瓦斯事故	J3	A6	18	重大	矿井维修电工	矿井维修电工在开配电柜前，必须检查并确认瓦斯浓度不超过0.5%，如果瓦斯浓度超限及时联系通风队，瓦斯浓度正常后方可作业	矿井维修电工	带班队长	安监处通风队	安监员、瓦检员	1. 运转队每半年对矿井维修电工进行操作规程培训及现场操作考核； 2. 带班队长不定期进行监督检查，每发现一次未按标准进行瓦斯浓度检查，对井维修电工进行相应处罚
41	检修电气设备	检查瓦斯浓度	未检查瓦斯浓度	人	不能及时发现瓦斯浓度超限，在遇明火或放电时导致瓦斯事故	瓦斯事故	J3	A6	18	重大	矿井维修电工	矿井维修电工在开配电柜前，必须检查并确保瓦斯浓度不超过0.5%，如果瓦斯浓度超限及时联系通风队，瓦斯浓度正常后方可作业	矿井维修电工	带班队长	安监处、通风队	安监员、通风专检人员	1. 运转队每半年对矿井维修电工进行操作规程培训及现场操作考核； 2. 带班队长不定期进行监督检查，每发现一次未按标准进行瓦斯浓度检查，对矿井维修电工进行相应处罚

表 3-18（续）

序号	任务	工序	危险有害因素	风险类型	风险及其后果描述	事故类型	风险评估				管理对象	管理标准	主要责任人	直接管理人员	主要监管部门	主要监管人员	管理措施
							可能性	损失	风险值	风险等级							
42	检修电气设备	检查瓦斯浓度	未检查瓦斯浓度	人	不能及时发现瓦斯浓度超限，在遇明火或放电时导致瓦斯事故	瓦斯事故	J3	A6	18	重大	矿井维修钳工	矿井维修钳工在焊接中部槽、护煤槽前，必须检查并确保瓦斯浓度不超过 0.5%，如果瓦斯浓度超限及时联系通风队，瓦斯浓度正常后方可作业	矿井维修钳工	带班队长	安监处、通风队	安监员、瓦斯检查员	1. 运转队每半年对矿井维修钳工进行操作规程培训及现场操作考核； 2. 带班队长不定期进行监督检查，每发现一次未按标准进行瓦斯浓度检查，对井维修钳工进行相应处罚
43	焊接溜槽、护煤槽	检查瓦斯浓度	未检查瓦斯浓度	人	不能及时发现瓦斯浓度超限，在遇明火或放电时导致瓦斯事故	瓦斯事故	J3	A6	18	重大	矿井维修钳工	矿井维修钳工在焊接中部槽、护煤槽前，必须检查并确保瓦斯浓度不超过 0.5%，如果瓦斯浓度超限及时联系通风队，瓦斯浓度正常后方可作业	矿井维修钳工	带班队长	安监处、通风队	安监员、瓦斯检查员	1. 运转队每半年对矿井维修钳工进行操作规程培训及现场操作考核； 2. 带班队长不定期进行监督检查，每发现一次未按标准进行瓦斯浓度检查，对井维修钳工进行相应处罚

表 3-18（续）

序号	任务	工序	危险有害因素	风险类型	风险及其后果描述	事故类型	风险评估				管理对象	管理标准	主要责任人	直接管理人员	主要监管部门	主要监管人员	管理措施
							可能性	损失	风险值	风险等级							
44	更换带式输送机电机轴承	检查瓦斯浓度	未检查瓦斯浓度	人	不能及时发现瓦斯浓度超限，在遇明火或放电时导致瓦斯事故	瓦斯事故	J3	A6	18	重大	矿井维修钳工	矿井维修钳工在更换带式输送机电机轴承前，必须检查并确保瓦斯浓度不超过 0.5%，如果瓦斯浓度超限及时联系通风队，瓦斯浓度正常后方可作业	矿井维修钳工	带班队长	安监处、通风队	安监员、瓦检员	1. 运转队每半年对矿井维修钳工进行操作规程培训及现场操作考核； 2. 带班队长不定期进行监督检查，每发现一次未按标准进行瓦斯浓度检查，对井矿井维修钳工进行相应处罚
45	更换对轮（蛇形簧）	检查瓦斯浓度	未检查瓦斯浓度	人	不能及时发现瓦斯浓度超限，在遇明火或放电时导致瓦斯事故	瓦斯事故	J3	A6	18	重大	矿井维修钳工	矿井维修钳工在更换对轮，必须检查并确保瓦斯浓度不超过 0.5%，如果瓦斯浓度超限及时联系通风队，瓦斯浓度正常后方可作业	矿井维修钳工	带班队长	安监处、通风队	安监员、瓦检员	1. 运转队每半年对矿井维修钳工进行操作规程培训及现场操作考核； 2. 带班队长不定期进行监督检查，每发现一次未按标准进行瓦斯浓度检查，对矿井维修钳工进行相应处罚

表 3-18（续）

序号	任务	工序	危险有害因素	风险类型	风险及其后果描述	事故类型	风险评估				管理对象	管理标准	主要责任人	直接管理人员	主要监管部门	主要监管人员	管理措施
							可能性	损失	风险值	风险等级							
46	综采工作面上隅角瓦斯超限处理	综采工作面及其回风巷断电、撤人、设置栅栏、揭示警标，并立即向调度室汇报	未及时断电、撤人、设置栅栏、揭示警标，未向调度室汇报	人	发现瓦斯超限后，未及时采取断电、撤人、设置栅栏、揭示警标等措施，未向调度室汇报，造成缺氧窒息、有害气体中毒、瓦斯燃烧或爆炸	瓦斯事故	J3	A6	18	重大	瓦斯检查员	在检测到综采工作面上隅角瓦斯浓度达到1.5%时，瓦斯检查员必须责令带班队长立即断电、撤人、设置栅栏、揭示警标，同时向调度室汇报	瓦斯检查员	通风队管理人员	安监处	安监员	1. 通风队主任工程师每年对瓦斯检查员进行一次专业培训，对瓦斯检查员进行瓦斯超限模拟演练考核； 2. 通风队值班队长、安监员对瓦斯检查员采取断电、撤人、设置栅栏、揭示警标等措施进行监督，每发现一次未采取有关措施或措施执行不到位，对瓦斯检查员进行相应处罚

表 3-18（续）

序号	任务	工序	危险有害因素	风险类型	风险及其后果描述	事故类型	风险评估				管理对象	管理标准	主要责任人	直接管理人员	主要监管部门	主要监管人员	管理措施
							可能性	损失	风险值	风险等级							
47	综采工作面上隅角瓦斯超限处理	排放瓦斯	未排放瓦斯或排放不及时	人	未排放瓦斯或排放不及时，造成缺氧窒息、有害气体中毒、瓦斯燃烧或爆炸	瓦斯事故	J3	A6	18	重大	瓦检员	在排放瓦斯过程中，瓦检员必须检测并确认综采工作面回风流中瓦斯和二氧化碳浓度都不超过 1.5%，方可连续排放	瓦检员	通风队管理人员	安监处	安监员	1. 通风队主任工程师每年对瓦斯检查员进行一次业务知识培训和排放瓦斯程序操作考核； 2. 通风队值班队长、安监员、机关跟班人员实时监督瓦斯检查员在发生瓦斯超限后，是否采取措施及时排放瓦斯，发现瓦斯检查员未及时采取措施进行瓦斯排放的，给予相应处罚

表 3-18（续）

序号	任务	工序	危险有害因素	风险类型	风险及其后果描述	事故类型	风险评估				管理对象	管理标准	主要责任人	直接管理人员	主要监管部门	主要监管人员	管理措施
							可能性	损失	风险值	风险等级							
48	综采工作面上隅角瓦斯超限处理	排放瓦斯	瓦斯超限	环	未及时发现瓦斯等有害气体超限，导致缺氧窒息、有害气体中毒、瓦斯燃烧或爆炸	瓦斯事故	J3	A6	18	重大	瓦斯、二氧化碳	综采工作面回风流中的瓦斯和二氧化碳浓度都不超过 1.5%	瓦斯检查员	通风队管理人员	安监处	安监员	1. 瓦斯检查员每 10 min 检测一次综采工作面回风流中的瓦斯和二氧化碳浓度，并在综采工作面回风流中设置便携式瓦斯检测报警仪，对瓦斯浓度进行实时监测； 2. 安监员、机关跟班人员对瓦斯排放过程进行实时监督

表 3-18（续）

序号	任务	工序	危险有害因素	风险类型	风险及其后果描述	事故类型	风险评估				管理对象	管理标准	主要责任人	直接管理人员	主要监管部门	主要监管人员	管理措施
							可能性	损失	风险值	风险等级							
49	综采工作面上隅角瓦斯超限处理	确认瓦斯浓度降低到允许浓度后恢复正常通风，送电，恢复生产	未经检测，不能发现局部瓦斯超限	人	未经检测，不能及时发现瓦斯等有害气体超限，导致缺氧窒息、有害气体中毒、瓦斯燃烧或爆炸	瓦斯事故	J3	A6	18	重大	瓦检员	在瓦斯排放结束后，瓦斯检查员检测并确认综采工作面回风流中的最高瓦斯浓度不超过1.0%，且最高二氧化碳浓度不超过1.5%后，方可通知送电恢复生产	瓦斯检查员	通风队管理人员	安监处	安监员	1. 通风队主任工程师每年对瓦斯检查员进行一次业务知识培训和排放瓦斯程序操作考核； 2. 安监员、通风队值班队长对瓦斯检查员检测综采工作面回风流中瓦斯和二氧化碳浓度情况进行监督，对未检测瓦斯和二氧化碳浓度，而擅自通知送电恢复生产的，每发现一次对瓦斯检查员进行相应处罚

表 3-18（续）

序号	任务	工序	危险有害因素	风险类型	风险及其后果描述	事故类型	风险评估				管理对象	管理标准	主要责任人	直接管理人员	主要监管部门	主要监管人员	管理措施
							可能性	损失	风险值	风险等级							
50	通风质量验收	密闭墙施工验收	防火密闭质量不符合规定	机	防火密闭施工质量不符合规定，不能及时发现瓦斯等有害气体涌出、超限，造成缺氧窒息、有害气体中毒、瓦斯燃烧或爆炸	瓦斯事故	J3	A6	18	重大	防火密闭	1. 巷道断面小于20 m^2时，混凝土墙厚度不小于0.5 m，砖墙厚度不小于0.75 m，料石墙不小于0.8 m；巷道断面大于20 m^2时混凝土墙和砖墙厚度为1 m； 2. 墙体结构：2道相同规格、相同材料墙体，中间间隔2 m用黄土和高分子材料充填；并且施工两道同规格的墙； 3. 墙体周边抹不少于200 mm的裙边，墙面平整，无裂缝、重缝和空缝	通风质量验收员	通风队管理人员	安监处	安监员	1. 在防火密闭施工过程中，通风质量验收员必须每天对施工现场进行一次全面检查，发现问题，立即安排处理； 2. 在防火密闭施工过程中，通风队管理人员每天都必须对施工现场进行一次全面检查，发现问题，立即安排处理

表 3-18（续）

序号	任务	工序	危险有害因素	风险类型	风险及其后果描述	事故类型	风险评估				管理对象	管理标准	主要责任人	直接管理人员	主要监管部门	主要监管人员	管理措施
							可能性	损失	风险值	风险等级							
51	取装火工品	装卸火工品	未按要求装卸火工品	人	造成火工品爆炸，伤人或损坏车辆	爆破事故	J3	A6	18	重大	领料员	1. 领料员装卸火药时要轻拿轻放，不得抛掷、撞击，不得接近火种和带电物体； 2. 领料员装卸雷管时，如用人力背送必须使用带盖木制箱并上锁，如用车厢运送，车厢内要放上胶皮或麻袋，并且只准码放一层； 3. 领料员要将炸药装于车厢内，且炸药箱要平放，其高度不得超过车厢	领料员	带班队长	安监处	安监员	1. 爆破工必须经过专业技术培训，懂得专业知识并能熟练照相关规定操作； 2. 押运员、安全员现场监督装卸火工品过程，发现问题及时纠正

表 3-18（续）

序号	任务	工序	危险有害因素	风险类型	风险及其后果描述	事故类型	风险评估				管理对象	管理标准	主要责任人	直接管理人员	主要监管部门	主要监管人员	管理措施
							可能性	损失	风险值	风险等级							
52	拒爆处理	处理瞎炮	没有按照规定、正确的方法处理瞎炮	人	处理残爆、拒爆过程中发生事故，伤害人员	爆破事故	I4	B5	20	重大	爆破员	1. 在距拒爆眼 0.3 m 以外另打与拒爆眼平行的新炮眼，重新装药起爆； 2. 严禁用镐刨或从炮眼中取出原放置的起爆药卷或从起爆药卷中拉出电雷管。无论有无残余炸药严禁将炮眼残底继续加深，严禁用打眼的方法往外掏药，严禁用压风吹拒爆眼； 3. 处理瞎炮的炮眼爆炸后，爆破工必须详细检查炸落的煤、矸，收集未爆的电雷管	爆破员	带班队长	安监处通风队	安监员、瓦斯检查员	1. 带班队长、安监员和所有的检查人员必须随时对处理过程进行监察，发现问题及时纠正处理； 2. 必须确保拒爆处理完毕以前，严禁在该地点进行与处理拒爆无关的工作

第四章　安全风险管控

第一节　工作要求、评分标准和理解要点

一、工作要求

1. 内容要求

(1) 建立矿长、分管负责人安全风险定期检查分析工作机制，检查安全风险管控措施落实情况，评估管控效果，完善管控措施。

(2) 建立安全风险辨识评估结果应用机制，将安全风险辨识评估结果应用于指导生产计划、作业规程、操作规程、灾害预防与处理计划、应急救援预案以及安全技术措施等技术文件的编制和完善。

(3) 重大安全风险有专门的管控方案，管控责任明确，人员、资金有保障。

2. 现场检查

跟踪重大安全风险管控措施落实情况，执行煤矿领导带班下井制度，发现问题及时整改。

3. 公告警示

及时公告重大安全风险。

二、评分标准

安全风险管控工作要求和评分标准见表 4-1。

表 4-1　安全风险管控工作要求和评分标准

项目	项目内容	基本要求	标准分值	评分方法
安全风险管控（35分）	管控措施	1. 重大安全风险管控措施由矿长组织实施，有具体工作方案，人员、技术、资金有保障	5	查资料。组织者不符合要求、未制定方案不得分，人员、技术、资金不明确、不到位1项扣1分
		2. 在划定的重大安全风险区域设定作业人数上限	4	查资料和现场。未设定人数上限不得分，超1人扣0.5分
	定期检查	1. 矿长每月组织对重大安全风险管控措施落实情况和管控效果进行一次检查分析，针对管控过程中出现的问题调整完善管控措施，并结合年度和专项安全风险辨识评估结果，布置月度安全风险管控重点，明确责任分工	8	查资料。未组织分析评估不得分，分析评估周期不符合要求，每缺1次扣3分，管控措施不做相应调整或月度管控重点不明确1处扣2分，责任不明确1处扣1分
		2. 分管负责人每旬组织对分管范围内月度安全风险管控重点实施情况进行一次检查分析，检查管控措施落实情况，改进完善管控措施	8	查资料。未组织分析评估不得分，分析评估周期不符合要求，每缺1次扣3分，管控措施不做相应调整1处扣2分
	现场检查	按照《煤矿领导带班下井及安全监督检查规定》，执行煤矿领导带班制度，跟踪重大安全风险管控措施落实情况，发现问题及时整改	6	查资料和现场。未执行领导带班制度不得分，未跟踪管控措施落实情况或发现问题未及时整改1处扣2分
	公告警示	在井口（露天煤矿交接班室）或存在重大安全风险区域的显著位置，公告存在的重大安全风险、管控责任人和主要管控措施	4	查现场。未公示不得分，公告内容和位置不符合要求1处扣1分

三、理解要点

安全风险管控是指在安全风险辨识评估基础上，针对辨识出的危险有害因素，制定相应控制措施、实施控制措施、检查控制措施落实情况以及完善管控措施，最终实现安全风险管控目标的持续改进过程。煤矿应建立安全风险辨识结果应用机制和安全风险管控措施落实情况定期检查工作机制，针对可能引发群死群伤事故的重大安全风险制定管控措施和实施方案，加强现场检查工作，始终使风险控制在可接受范围内。

（1）在评分标准中，要求重大安全风险管控措施由矿长组织实施，明确了安全管理责任。在工作要求和评分标准中，均未对重大安全风险给出明确标准，煤矿可根据其在安全风险评估时，所采用评估方法对风险的划分标准，作为确定重大安全风险的标准。建议煤矿可参照《国务院安委会办公室关于实施遏制重特大事故工作指南构建双重预防机制的意见》（安委办〔2016〕11号）中对安全风险等级的划分，即企业至少将安全风险等级划分为四级，从高到低分为重大风险、较大风险、一般风险和低风险，分别用红、橙、黄、蓝四种颜色标示。在重大安全风险涉及包含水、火、瓦斯、煤尘、顶板、冲击地压等危险有害因素以及运输提升系统时，要求由矿长组织管控措施的制定实施，管控措施应明确工作内容、责任人、完成时间以及资金等内容和要求。

煤矿应根据其自然条件、生产系统、生产工艺、生产设备、重大灾害等因素，依据其辨识评估确定的重大安全风险所在的具体位置划定重大安全风险区域，并根据该区域工作的岗位需求设定作业人数上限。建议参照国家安全监管总局、国家煤矿安监局印发《关于减少井下作业人数提升煤矿安全保障能力的指导意见》（安监总煤行〔2016〕64号）的通知要求，在满足工作的前提下，人数上限越少越好。

（2）定期检查是强化安全风险管控措施贯彻落实的有效手段。煤矿须制定定期检查制度，明确矿长、分管负责人和相关人员的工作职责；明确定期检查的工作内容和要求，即规定矿长每月组织对重大安全风险管控措施落实情况和管控效果进行一次检查分析，发现问题并提出解决方案，同时结合年度和专项安全风险辨识评估结果，布置月度安全风险管控重点。规定分管负责人每旬组织对分管范围内月度安全风险管控重点和管控措施落实情况进行一次检查分析，针对管控过程中出现的问题，调整和完善管控措施；明确定期检查工作的开展形式，建议可在矿长办公会、安全例会中增加该项内容，或召开专题会议，同时要求在会议纪要或记录等资料中包含定期检查相关工作内容。

(3) 在强化定期检查工作的同时，应严格按照《煤矿领导带班下井及安全监督检查规定》，执行煤矿领导带班制度，在履行日常安全检查工作中，注意跟踪重大安全风险管控措施落实情况，对于发现的问题应根据具体情况，组织现场整改或提交给分管领导研究整改措施并落实。

(4) 煤矿须根据自身实际情况，在井口（露天煤矿交接班室）或存在重大安全风险的显著位置采用电子屏、牌板或其他形式公告存在的重大安全风险、管控责任人和主要管控措施。

第二节　重大安全风险管控措施制定

为了实现对安全风险的管控，需要制定系统科学、切实可行的控制措施。面对生产和运行系统存在的诸多安全风险，煤矿需要按照风险的不同级别、所需管控资源、管控能力、管控措施复杂及难易程度等因素确定风险的管控层级和管控方式。重大安全风险管控措施的制定，应在对其诱发事件或事故机理深入研究基础上，依据风险管控的要求、原则、方法和策略，综合考量煤矿自身实际，系统策划、科学设计。

一、风险管控措施制定的基本要求和原则

1. 基本要求

针对安全风险，采取控制措施时，应该能够实现：

（1）预防生产和管理过程中产生危险有害因素。

（2）排除工作场所的危险有害因素。

（3）处置危险有害物并减低到国家规定的限值内。

（4）预防生产装置失灵和操作失误产生的危险有害因素。

（5）发生意外事故时能为遇险人员提供自救条件。

2. 基本原则

（1）按预防对策等级顺序的要求，制定时应遵循以下具体原则：

①消除：通过合理的设计和科学的管理，尽可能从根本上消除危险有害因素；如采用无害工艺技术、生产中以无害物质代替危害物质、实现自动化作业、遥控技术等。

②预防：当消除危险有害因素有困难时，可采取预防性技术措施，预防危险、危害事件发生，如使用安全阀、安全屏护、漏电保护装置、安全电压、熔断器、防爆膜、事故排风装置等。

③减弱：在无法消除危险有害因素和难以预防的情况下，可采取减少危险有害因素的措施，如局部通风排毒装置、生产中以低毒性物质代替高毒性物质、降温措施、避雷装置、消除静电装置、减振装置、消声装置等。

④隔离：在无法消除、预防、减弱危险有害因素的情况下，应将人员与危险有害因素隔开和将不能共存的物质分开，如遥控作业、安全罩、防护屏、隔离操作室、安全距离、事故发生时的自救装置（如防毒服、各类防护面具）等。

⑤连锁：当操作者失误或设备运行一旦达到危险状态时，应通过连锁装置终止危险、危害事件发生。

⑥警告：在易发生故障和危险性较大的地方，配置醒目的安全色、

安全标志；必要时，设置声、光或声光组合报警装置。

（2）制定过程中，当风险管控措施与经济效益发生矛盾时，宜优先考虑管控措施的要求，并应按下列对策等级顺序选择技术措施：

①直接安全技术措施：生产设备本身具有本质安全性能，不出现事故和危害。

②间接安全技术措施：若不能或不完全能实现直接安全技术措施时，必须为生产设备设计出一种或多种安全防护装置，最大限度地预防、控制事故或危害事件的发生。

③指示性安全技术措施：间接安全技术措施也无法实现时须采用检测报警装置、警示标志等措施，警告、提醒作业人员注意，以便采取相应的对策或紧急撤离危险场所。

④若间接、指示性安全技术措施仍然不能避免事故、危害事件发生，则应采用安全操作规程、安全教育、培训和个人防护用品等来预防、减弱系统的危险、危害程度。

3. 针对性、可操作性和经济合理性

（1）煤矿必须根据其自身特点和辨识出的主要危险有害因素及其产生危险、危害后果的条件，制定风险管控措施，使之具有针对性。由于危险有害因素及其产生危险、危害后果的条件具有隐蔽性、随机性、交叉影响性，管控措施不仅要针对某个危险有害因素采取相应措施，而且应以全面达到系统风险管控为目的，综合采取优化组合措施。

（2）煤矿应该根据自身实际情况，保证制定的风险管控措施在经济、技术、时间上是可行的，确保其能够落实、贯彻和实施，具有可操作性。

（3）煤矿制定安全风险管控措施时，不应超越涉及项目的当前经济和技术水平，防止按过高的标准或指标提出预控方案，保证其经济合理性。

二、安全风险管控措施的选择

煤矿在制定安全风险管控措施时，一般应按照工程技术措施、管理措施、个体防护措施以及应急处置措施的先后逻辑顺序进行选择。

1. 工程技术措施

工程措施一般包括但不限于：

（1）用较安全的动力或能源替代风险大的动力或能源。例如：煤矿用水力采煤代替爆破采煤、用液压动力代替电力等。

（2）限制能量。例如：利用安全电压设备、降低设备的运转速度、限制露天爆破装药量等。

（3）防止能量蓄积。例如：通过良好接地消除静电蓄积、采用通风系统控制易燃易爆气体的浓度等。

（4）降低能量释放速度。例如：采用减振装置吸收冲击能量、使用防坠落安全网等。

（5）开辟能量异常释放的渠道。例如：给电器安装良好的地线、在压力容器上设置安全阀等。

（6）设置屏障。防止人体与能量直接接触体。如机械运动部件的防护罩、电器的外绝缘层、安全围栏、防火门、防爆墙等。

（7）设置警告信息。如各种警告标志、声光报警器等。

2. 管理措施

管理措施一般包括但不限于：

（1）制定实施作业程序、安全许可、安全操作规程等。

（2）减少暴露时间（如异常温度或有害环境）。

（3）监测监控风险（尤其是高毒物料的使用）。

（4）警报和警示信号。

（5）安全互助体系。

（6）培训。

（7）风险转移（共担）。

3. 个体防护措施

个体防护措施一般包括但不限于：

（1）个体防护用品。包括：防护服、耳塞、听力防护罩、防护眼镜、护手套、绝缘鞋、呼吸器等。

（2）当工程控制措施不能消除或减弱危险有害因素时，均应采取防护措施。

（3）当处置异常或紧急情况时，应考虑佩戴防护用品。

（4）当发生变更，但风险控制措施还没有及时到位时，应考虑佩戴防护用品。

4. 应急控制措施

应急控制措施一般包括但不限于：

（1）煤矿应对自身可能发生的应急事件进行事前分析和应急准备。

（2）编制应急预案。

（3）制定现场处置方案。

（4）提高应急事件可能涉及人员的应急能力。

三、重大安全风险管控策略

对于重大安全风险，如果需通过工程技术措施和（或）技术改造才能控制，应该制定控制该类风险的目标，并为实现目标制定方案。如果属于经常性或周期性工作中的不可接受风险，不需要通过工程技术措施，但需要制定新的文件（程序或作业文件）或修订原来的文件，文件中应明确规定对该种风险的有效控制措施，并在实践中落实这些措施。当然，有些重大风险可能需要多种管控措施的组合进行控制。

煤矿在制定重大安全风险管控措施时，可以根据危险有害因素类型和风险状况，按照表4-2所示的原则，确定控制手段、支持方式和监测方式。

表4-2 重大安全风险管控策略组合

序号	危险有害因素类型	风险等级	控制手段	支持方式	监测方式
1	区域（场所）	后果非常严重 可能性极高	目标管理 运行管理 保安管理 应急管理 保险管理	建立管理目标和计划 工程、技术 隔离、警告 建立秩序、文明生产 培训教育 建立保安管理系统 建立应急管理系统 投保	定期监测完成情况 设置监测系统 每班检查 日常检查 定期检查
		后果非常严重 可能性很低	运行管理 应急管理 保安管理 保险管理	隔离、警告 建立秩序、文明生产 培训教育 建立保安管理系统 建立应急管理系统 投保	日常检查 定期检查
		后果严重 可能性较高	运行管理	工程、技术 隔离、警告 建立秩序、文明生产 培训教育	每班检查 日常检查 定期检查
		剩余风险较高	目标管理	建立管理目标和计划 工程、技术 培训教育	定期监测完成情况

表 4-2（续）

序号	危险有害因素类型	风险等级	控制手段	支持方式	监测方式
2	工作活动	后果非常严重 可能性极高	目标管理 运行管理 工作许可管理 应急管理 保险管理	建立管理目标和计划 技术、工艺改进 建立秩序、文明生产 个体防护 培训教育 建立作业指导文件 建立工作许可制度 建立应急管理系统 投保	定期监测完成情况 工作监护 工作前检查 日常检查 定期检查
		后果非常严重 可能性很低	运行管理 工作许可管理 应急管理 保险管理	建立秩序、文明生产 个体防护 培训教育 建立作业指导文件 建立工作许可制度 建立应急管理系统 投保	每班检查 日常检查 定期检查
		后果严重 可能性较高	运行管理	建立秩序、文明生产 个体防护 培训教育 建立作业指导文件	工作前检查 日常检查 定期检查
		剩余风险较高	目标管理	建立管理目标和计划 完善作业指导文件	定期监测完成情况

表 4-2（续）

序号	危险有害因素类型	风险等级	控制手段	支持方式	监测方式
3	设备	后果非常严重 可能性极高	目标管理 运行管理 应急管理 保险管理	建立管理目标和计划 替代或技术改进 隔离、防护、警告 培训教育 建立检修维护制度 建立设备检查表 建立应急管理系统 投保	定期监测完成情况 使用前检查 每班检查 日常检查 定期检查
		后果非常严重 可能性很低	运行管理 应急管理 保险管理	技术改进 隔离、防护、警告 建立检修维护制度 建立设备检查表 建立应急管理系统 投保	每班检查 日常检查 定期检查
		后果严重 可能性较高	运行管理	技术改进 隔离、防护、警告 建立检修维护制度 建立设备检查表	每班检查 日常检查 定期检查
		剩余风险较高	目标管理	建立管理目标和计划	定期监测完成情况
4	设施	后果非常严重 可能性极高	目标管理 运行管理 应急管理 保险管理	建立管理目标和计划 工程改造 安全装置、警告 培训教育 建立检修维护制度 建立设施检查表 建立应急管理系统 投保	定期监测完成情况 使用前检查 每班检查 日常检查 定期检查

表4-2（续）

序号	危险有害因素类型	风险等级	控制手段	支持方式	监测方式
4	设施	后果非常严重 可能性很低	运行管理 应急管理	安全装置、警告 培训教育 建立检修维护制度 建立设施检查表	日常检查 定期检查
		后果严重 可能性较高	运行管理	安全装置、警告 培训教育 建立检修维护制度 建立设施检查表	每班检查 日常检查 定期检查
		剩余风险较高	目标管理	建立管理目标和计划	定期监测完成情况
5	有害物质	后果非常严重 可能性极高	目标管理 运行管理 应急管理 保险管理	建立管理目标和计划 转移或替代 防护、隔离、警告 个体防护 培训教育 建立检查表 建立应急管理系统 投保	定期监测完成情况 每班检查 日常检查 定期检查
		后果非常严重 可能性很低	运行管理 应急管理	防护、隔离、警告 个体防护 培训教育 建立检查表 建立应急管理系统 投保	日常检查 定期检查
		后果严重 可能性较高	运行管理	防护、隔离、警告 个体防护 培训教育 建立检查表	每班检查 日常检查 定期检查
		剩余风险较高	目标管理	建立管理目标和计划	定期监测完成情况

表 4-2（续）

序号	危险有害因素类型	风险等级	控制手段	支持方式	监测方式
6	工艺流程	后果非常严重 可能性极高	目标管理 运行管理 应急管理	建立管理目标和计划 工艺替代或改进 建立工艺流程说明 培训教育 建立应急管理系统	定期监测完成情况 日常检查 定期检查
		后果非常严重 可能性很低	运行管理 应急管理	个体防护 建立工艺流程说明 培训教育 建立应急管理系统	每班检查 日常检查 定期检查
		后果严重 可能性较高	运行管理	个体防护 建立工艺流程说明 培训教育	工作前检查 日常检查 定期检查
		剩余风险较高	目标管理	建立管理目标和计划	定期监测完成情况
7	系统危险源	后果非常严重 可能性极高	目标管理 运行管理 应急管理	建立管理目标和计划 工艺替代或改进 建立工艺流程说明 培训教育 建立应急管理系统	定期监测完成情况 设立监测监控系统 日常检查 定期检查
		后果非常严重 可能性很低	运行管理 应急管理	个体防护 建立工艺流程说明 培训教育 建立应急管理系统	设立监测监控系统 每班检查 日常检查 定期检查
		后果严重 可能性较高	运行管理	个体防护 建立工艺流程说明 培训教育	工作前检查 日常检查 定期检查
		剩余风险较高	目标管理	建立管理目标和计划	定期监测完成情况

表 4-2（续）

序号	危险有害因素类型	风险等级	控制手段	支持方式	监测方式
8	职业健康危害源	后果非常严重 可能性极高	目标管理 运行管理 应急管理	建立管理目标和计划 工程、技术 防护、隔离、警告 个体防护 培训教育 建立检查表 建立应急管理系统	定期监测完成情况 工作前 每班检查 日常检查 定期检查
		后果非常严重 可能性很低	运行管理 应急管理	防护、隔离、警告 个体防护 培训教育 建立检查表 建立应急管理系统	日常检查 定期检查
		后果严重 可能性较高	运行管理	防护、隔离、警告 个体防护 培训教育 建立检查表	每班检查 日常检查 定期检查
		剩余风险较高	目标管理	建立管理目标和计划	定期监测完成情况
9	环境因素	后果非常严重 可能性极高	目标管理 运行管理 应急管理	建立管理目标和计划 工程、技术 防护、隔离、警告 培训教育 建立检查表 建立应急管理系统	定期监测完成情况 工作前 每班检查 日常检查 定期检查
		后果非常严重 可能性很低	运行管理 应急管理	防护、隔离、警告 培训教育 建立检查表 建立应急管理系统	日常检查 定期检查

表 4-2（续）

序号	危险有害因素类型	风险等级	控制手段	支持方式	监测方式
9	环境因素	后果严重 可能性较高	运行管理	防护、隔离、警告 培训教育 建立检查表	每班检查 日常检查 定期检查
		剩余风险较高	目标管理	建立管理目标和计划	定期监测完成情况
10	火灾紧急情况	后果非常严重 可能性高	运行管理 应急管理 保险管理	防护、隔离、警告报警 培训教育 建立应急管理系统 投保	定期监测完成情况 日常检查 定期检查
		后果非常严重 可能性很低	运行管理 应急管理	防护、隔离、警告报警 培训教育 建立检查表 建立应急管理系统	日常检查 定期检查
		后果严重 可能性较高	运行管理	防护、隔离、警告报警 培训教育 建立检查表	每班检查 日常检查 定期检查
		剩余风险较高	目标管理	建立管理目标和计划	定期监测完成情况
11	工器具	后果严重 可能性高	运行管理	技术、替代 防护、警告 培训教育 建立检查表	使用前检查 日常检查 定期检查

第三节　重大安全风险管控措施实施

煤矿应采取适当的方式将安全风险管控措施融入煤矿安全生产的每个工作流程中，确保每个员工都掌握与本岗位相关的安全风险管控措施、具备控制风险的能力。将安全风险控制措施应用于指导生产计划、作业规程、操作规程、灾害预防与处理计划、应急救援预案及安全技术措施等技术文件的编制和完善。同时，针对不同级别的风险须实行分级管控，网格化管理，按不同级别、不同专业、不同部门分工落实管控措施。

一、安全风险管理目标与计划

煤矿应根据年度安全风险评估、专项安全风险评估结果，针对现有存在重大安全风险的重要设备、设施、系统性危险因素、生产工艺流程等制定风险控制目标与计划、安全专项治理目标与计划等，依据安全风险评估提出的建议控制措施制定风险安全目标、任务和计划。

风险管理目标、任务和计划应按照现实性、关键性、预防性的原则制定，并按照目标管理的SMART原则，为实现目标确定任务，并做到经济合理、可操作性强，对安全风险控制和事故预防具有针对性。

通常，根据风险评估结果，煤矿应制定的安全风险管理目标、任务和计划包括年度“安全风险管理目标与计划”“安技措资金项目计划”及月度执行计划等。

煤矿制定年度安全风险管理目标与计划时，可参考表4-3所示的内容和要求，根据自身的实际情况进行修订。“安技措资金项目计划”及月度计划可按照煤矿现行编制办法制定。

二、安全作业指导书

安全作业指导书是执行任务所需的安全工作程序指南，包括正确的工作步骤、切实可行的安全措施，以确保不会对工作执行人员的安全和健康带来风险。安全作业指导书的形式有安全操作规程、作业规程、工作票、操作票等，是生产过程中作业风险控制的重要指导文件，也是作业过程安全监督检查的重要依据，同时也是现场安全操作培训的重要学习内容。所有高风险的工作活动均需要作业指导书的制定和执行来规范操作行为。

表 4-3　××年度××煤矿安全风险管理目标与计划

序号	危险因素	风险描述	后果	控制目标	风险管控方案/任务	责任部门/人	完成截止时间	资源需求
1	化学品	①物料储存未分类，化学品与其他材料混存，堆放不安全； ②库房内照明、电源箱不防爆； ③库房消防设备/器材配备不齐全，火灾报警装置不全； ④人员进入库房携带火种，无门禁控制； ⑤库房周围无禁止烟火警示标识； ⑥库房漏水，周围排水沟不畅通	火灾 人员烧伤 物资损坏	不发生火灾	①按照消防法规、标准和设计要求配备、完善消防设备/器材及火灾报警装置	安监部/××	9 月 15 日	8000 元
					②建立并完善库房管理制度，库房内禁止明火	安监部/××	7 月 20 日	—
					③建立物资分类储存、安全堆放管理标准，并执行	物资部/××	8 月 20 日	—
					④建立物资分类储存、安全堆放管理标准，并执行	物资部/××	8 月 20 日	—
				不发生漏水导致的物资损坏事件	⑤对库房漏水进行维修	工程部/××	8 月 30 日	15000 元
					⑥对库房周围排水沟维修	工程部/××	8 月 30 日	2000 元

表 4-3（续）

序号	危险因素	风险描述	后果	控制目标	风险管控方案/任务	责任部门/人	完成截止时间	资源需求
2	矿井水	①地质资料不全；②周边有小煤窑采空区积水；③矿井富水区突然涌水；④排水系统不完善或能力不够	透水伤人损坏设备	不发生透水事故	①对井田范围进行全面地质测量，调查周边小煤窑情况，健全地质信息资料	地测中心/××	7 月 30 日	聘请 1 名煤矿地质专家 10000 元
					②施工过程中及时进行矿井水探测和防治	掘进队/××	日常	—
					③设计并配备足够能力的排水系统（设备）	生技部/××	8 月 20 日	50000 元
					④完善应急物资配备	安监部/××	8 月 20 日	15000 元
	…							

煤矿通过对高风险的作业活动进行工作安全分析，清楚安全工作的步骤、作业过程潜在的风险和相应的安全措施。工作安全分析是安全作业指导书编制的主要依据，可以直接利用这些风险评估成果来指导作业指导书的编写和修订，明确安全工作的步骤、安全措施、个体防护要求等内容。

三、制定设备检修维护标准和检查表

设备检修维护标准是设备检查、维护、检修的指导性管理文件，它明确设备管理的职责和要求，包括检查、维护、试验、检查、保养、检修的周期和项目的要求。设备的检查表是检查和判断设备、设备状况的依据，能够帮助煤矿及时发现问题，为检修维护提供依据。

煤矿通过对高风险的设备进行故障模式和影响分析，清楚设备或设施的关键部件的故障模式、故障影响、潜在的故障原因和相应的安全措施。设备检修维护标准和检查表应以故障模式与影响分析结果为基础来编制，将每个关键部件（构件）作为检查项目，并详细列出各个关键部件的完好标准要求，以指导设备运行管理和检查维护工作。

四、矿井安全监测监控项目和方式

在对煤矿系统进行年度安全风险评估、专项安全风险评估后，围绕矿井的水、火、瓦斯、煤尘、顶板等自然灾害以及采掘、机电、运输、通风、排水等主要生产环节，识别可能导致事故或失效的需要监测的系统性危险有害因素。

煤矿可根据风险评估确定的危险点和监测建议，确定关键控制点、安全监测监控项目和方式，编制或完善相应危险有害因素的控制标准、监测指标和管理制度，明确监测周期和方式，适时监测和监控生产系统运行情况。包括矿井环境安全监测和矿井生产（设备工况等）监控，其中矿井环境安全监测用于监测影响生产安全和矿工人身安全的井下环境因素，而矿井生产监控系统用来监控煤矿生产主要设备的工况。

五、紧急情况应急预案

应急管理是指采用现代技术手段和现代管理方法，对突发事件进行有效的应对、控制和处理的方法和技术体系，降低突发性事件的危害。主要适用于高风险紧急情况的管理，通过建立应急救援体系、应急预案并进行应急救援培训和演练，对紧急情况下的风险进行管理。

煤矿应急预案制定的前提是对紧急情况风险评估的基础上，根据紧急情况风险评估结果，确定应急管理系统和措施，编制应急预案和现场处置措施，组建应急指挥和救援组织，完善应急物资和装备配备等。

总之，重大风险管控措施由矿长组织实施，有具体工作方案，人员、技术、资金有保障。通过各种措施降低风险值，如果无限的资源投入也不能降低风险，就必须禁止工作，立即采取隐患治理措施。同时针对较大风险，煤矿也必须制定措施进行控制管理，对较大及以上危险有害因素应重点控制管理，具体由安全主管部门或各职能部门根据职责分工具体落实。当风险涉及正在进行中的工作时，应采取应急措施，并根据需求为降低风险制定目标、指标、管理方案或配给资源、限期治理，直至风险降低后才能开始工作。

第四节　安全风险检查和监测监控

一、安全风险检查

安全风险检查制度、煤矿领导带班下井及监督检查制度等的建立是为了加强安全风险管控措施的落实，提高矿长和分管负责人在重大安全风险管控中的责任意识和领导作用。

无论是矿长每月组织的对重大安全风险管控措施落实情况和管控效果的定期检查工作、分管负责人每旬组织的对分管范围内月度安全风险管控重点和管控措施落实情况的定期检查工作，还是矿级领导带班进行的日常检查工作，都应重视现场检查，明确具体检查对象和检查内容，需要精心策划和周密安排。

1. 检查对象和内容

在定期检查中，进行现场检查时，主要对象包括：生产设备、辅助设施、安全设施、作业环境和作业人员等。重点检查顶板控制、水害和火灾预防、瓦斯和煤尘防治；提升运输系统、各种装载设备、通风系统、排水系统、压风系统、瓦斯抽放系统；各种防爆电器、电器安全保护装置；钢丝绳、矿灯、自救器、瓦斯和粉尘及其他有毒有害物质检测仪器仪表、救护设备；安全帽及各种劳动保护用品；煤矿各种灾害应急预案及“井下三条生命线”（电话线、压风管路、防尘水管路）设置；作业人员“三违”情况等重大安全风险管控措施和管控重点所涉及的关键环节。

在日常检查中，进行现场检查时，一般应从人员、机（物）、环境和管理等方面考虑，重点检查表 4-4 中所列的项目。

表 4-4　煤矿现场检查的主要内容

主要内容	监 测 项 目
1. 人员方面	是否精神集中、精力充沛、衣着整齐、个体防护齐全有效？
	是否按照作业规程、操作规程、安全技术措施、管理标准与管理措施及规定的工序作业？
	是否执行了工作票制度？
	是否识别了本项工作的风险环节？
	使用的工具是否完好、恰当、齐全？
	是否有其他“三违”现象？
2. 机（物）的方面	是否按规定配备了必需的设备、设施、材料、工具？
	设备、工具选型是否合理？
	设备安装是否符合规定？
	设备、设施、工具维护保养是否到位？
	设备保护是否齐全、有效？
	设施、工具是否齐全、完好？
	各类警示标识是否齐全、清晰、正确，设置位置是否合理？

表 4-4（续）

主要内容	监 测 项 目
3. 环境方面	作业环境是否安全？
	作业空间是否符合人机工程有关要求？
	作业场所是否符合相关标准规定？
4. 管理方面	现有管理制度、标准及措施是否完善、有效、合理？

2. 基本要求

（1）现场检查必须落实责任，按照检查目的和相关规定，由矿长、分管负责人或其他责任人亲自组织，合理分工，落实责任，确保检查到位。

（2）现场检查要按照预先确定的检查内容和重点进行，保证检查工作既要有针对性，而且要有质量。

（3）现场检查要注重实效。对检查出的问题，要及时进行处置，需要限时整改的问题，要落实整改时间、措施和责任人。

（4）现场检查要做好记录，检查结束要及时撰写书面报告，以便复查。

3. 工作程序

1）安全检查准备

（1）制定检查计划。由矿长、分管负责人或其他责任人组织召开检查准备会议，根据现场检查目的，确定检查人员、检查内容和重点、方法、步骤，做好检查分工工作。

（2）根据检查计划，准备安全检查表和必要的检测工具、仪器、书写表格或记录本等，确定各个项目的评分标准、评价方法和其他相关事宜。

2）实施现场检查

在检查现场时，根据检查需要，可以通过访谈、查阅文件和记录、现场观察、仪器测量的方式开展相关工作。

（1）访谈。通过与岗位人员交谈，了解他们对与工作活动有关的危险有害因素及其风险状况、管控措施的认知程度和执行情况。

（2）查阅文件和记录。检查设计文件、作业规程、安全措施、责任制度、操作规程等是否齐全、规范和有效，查阅记录，分析和评价文件的执行情况。

（3）现场观察。对作业现场的生产设备、防护设施、作业环境、人员操作等进行观察，根据评价标准和经验，对工作程序、操作规程、风险管控措施等执行情况及其有效性等进行判定。

（4）仪器测量。利用检测检验仪器和设备，对生产系统中的设施、设备、器材及作业环境等进行测量，并对照相关标准和参数，判断其工作状态。

为了保证现场检查工作的顺利进行，一般可利用表4-5、表4-6、表4-7所示的表格收集和上报相关信息。

表4-5　人员不安全行为检查表

单位	姓名	违章时间	不安全行为描述	风险等级	检查人

表4-6　机（物）危险有害因素检查表

单位	机（物）名称	机（物）不安全状态具体描述	整改意见	整改责任人	整改时间	复查时间	复查人	备注

表4-7　环境危险有害因素检查表

单位	地点	环境不安全状态具体描述	整改意见	整改责任人	整改时间	复查时间	复查人	备注

3）检查结果分析和总结

现场检查工作完成后，及时对检查情况进行总结。有些问题可能需要现场进行分析，给出立即整改或限时整改的意见，并通知相关部门和责任人；有些问题可能需要组织更大范围的诊断分析，提出整改方案。

4）整改落实

检查中发现需要整改的问题，要求相关部门和责任人按照整改意见和要求进行整改，整改完成后及时通知检查人员进行复查。

5）撰写报告

对于定期检查，在现场检查结束后，及时撰写检查报告。

二、安全风险监测监控

在《煤矿安全生产标准化基本要求及评分方法（试行)》中，要求煤矿采用定期检查、日常检查等方式检查重大安全风险管控措施的落实情况，这些工作需要人工完成。当前，越来越多的煤矿安装了不同种类的安全监测监控系统，煤矿可充分利用这些系统实现对重大安全风险的监测监控。

煤矿安全监测监控系统主要包括：

（1）环境安全监控系统。主要用于监测瓦斯浓度、一氧化碳浓度、二氧化碳浓度、硫化氢浓度、风速、负压、温度、风门状态、风窗状态、局部通风机和主要通风机的开停、工作电压、工作电流等，并实现甲烷超限声光报警、断电和甲烷风电闭锁控制等。

（2）轨道运输监控系统。主要用于监测信号机状态、电动转辙机状态、机车位置、机车编号、运行方向、运行速度、空（实）车皮数等，并实现信号机、电动转辙机的闭锁控制、地面远程调度与控制等。

（3）输送带运输监控系统。主要用于监测带速、轴温、烟雾、堆煤、横向断裂、纵向断裂、跑偏、打滑、电动机运行状态、煤仓煤位等，并实现顺煤流启动、逆煤流停止闭锁控制和安全保护、地面远程调度与控制等。

(4) 提升运输监控系统。主要用于监测罐笼位置、速度、安全门状态、摇台状态、阻车器状态等，并实现推车、补车、提升闭锁等。

(5) 供电监测系统。主要用于监测电网电压、电流、功率、功率因素、馈电开关状态、电网绝缘状态等。并实现漏电保护、过流保护、馈电开关的闭锁控制、地面远程控制等。

(6) 排水监控系统。主要用于监测水仓水位、水泵开停、水泵工作电压、电流、功率、阀门状态、流量、压力等。并实现阀门开关、水泵开停控制、地面远程控制等。

(7) 火灾监控系统。主要用于监测一氧化碳浓度、二氧化碳浓度、氧气浓度、温度、压差等，并通过风门、风窗控制，实现均压灭火控制、制氮与注氮控制等。

(8) 瓦斯抽放监测监控系统。主要用于监测甲烷浓度、压力、流量、温度、抽放泵状态等，并实现甲烷超限声光报警、抽放泵和阀门控制等。

(9) 人员位置监测系统。主要用于监测井下人员位置、滞留时间、个人信息等。在突发情况下及时掌握入井人员信息情况，对后续救援提供科学准确的数据。

(10) 矿山压力监控系统。主要用于监测地音、顶板移位、移位速度、移位加速度、红外发射、电磁辐射等，并实现矿山压力预报。

(11) 煤与瓦斯突出监控系统。主要用于监测煤岩体声发射、瓦斯涌出量、工作面煤壁温度等，并实现煤与瓦斯突出预报。

(12) 大型机电设备运行状态监控系统。主要用于监测机械振动、油温和油质污染等，并实现故障诊断。

第五章　保　障　措　施

第一节　工作要求、评价标准和理解要点

一、工作要求

（1）采用信息化管理手段开展安全风险分级管控工作。

（2）定期组织安全风险知识培训。

二、评分标准

保障措施工作要求和评分标准见表 5-1。

表 5-1　保障措施工作要求和评分标准

项目	项目内容	基本要求	标准分值	评分方法
保障措施（15 分）	信息管理	采用信息化管理手段，实现对安全风险记录、跟踪、统计、分析、上报等全过程的信息化管理	4	查现场。未实现信息化管理不得分，功能每缺 1 项扣 1 分
	教育培训	1. 入井（坑）人员和地面关键岗位人员安全培训内容包括年度和专项安全风险辨识评估结果、与本岗位相关的重大安全风险管控措施	6	查资料。培训内容不符合要求 1 处扣 1 分
		2. 每年至少组织参与安全风险辨识评估工作的人员学习 1 次安全风险辨识评估技术	5	查资料和现场。未组织学习不得分，现场询问相关学习人员，1 人未参加学习扣 1 分

三、理解要点

在《煤矿安全生产标准化基本要求及评分方法（试行)》中，重点强调通过信息管理和教育培训保障安全风险管控措施的贯彻实施。要求采用信息化手段实现对安全风险记录、跟踪、统计、分析、上报等。鉴于当前煤矿信息化技术应用状况，建议有条件的煤矿可选择管理信息系统；煤矿安全风险分级管控体系建设需要其全体员工不同程度地掌握与安全风险管控相关的知识和技能，培训则是获得这些知识和技能的最重要手段。

（1）信息化手段在现代安全管理体系的建设和运行中发挥了重要作用，显著提高了体系的运行效率。当前在企业广泛应用的一些安全管理体系都有支持其运行的安全管理信息系统，如 OHSAS18001—2007 安全管理信息系统、NOSA MIRACLES 安全管理信息系统、Enviance 安全管理信息系统、EHS 安全管理信息系统、RMSS 安全管理信息系统、Risk Management 安全管理信息系统等。煤矿安全风险预控管理体系也有与其配套的风险预控管理信息系统。在煤矿安全风险分级管控体系建设中，采用管理信息系统作为支持手段，可以实现其建设和运行过程的程序化、规范化和信息化。

（2）培训是提高煤矿员工各种知识和技能的重要途径。在煤矿安全风险分级管控体系建设中，不仅参加安全风险辨识评估的人员要通过培训掌握开展风险辨识评估工作的技术和方法，入井（坑）人员和地面关键岗位人员通过培训掌握安全风险辨识评估成果以及与其岗位相关的重大安全风险管控措施，而且煤矿全体员工要通过培训掌握安全风险分级管控的相关知识。培训可以采用集中组织、自学、派出学习、参加研讨等多种方式进行，为了保证学习质量和效果，煤矿应根据学习人员情况、培训目的、培训内容选择适当的培训方法，根据安全风险分级预控对教育培训的要求，补充完善培训计划、程序文件等，真正使员工通过教育培训，提升安全风险管控的知识、技能和方法，提高风险管控理念和意识，在煤矿安全风险分级管控体系建设和运行中发挥积极作用。

第二节　安全风险管控管理信息系统建设

煤矿安全生产标准化建设工作是一项复杂的系统工程。煤矿安全风险分级管控作为煤矿安全标准化体系中新增加的内容，尽管在《煤矿安全生产标准化基本要求及评分方法（试行)》中，要求现阶段煤矿重在初步建立安全风险分级管控体系，工作重点在于安全管理理念的树立和管理层管控责任的落实，目标是防范遏制重特大事故，但煤矿应该按照整体规划、分步实施的思路，持续推进安全风险分级管控体系建设工作。因此，安全风险管控信息系统应该站在推进安全生产标准化工作的高度，与安全风险分级管控体系建设和运行的更高建设目标相适应。当前，煤矿可以根据其自身资金状况、技术条件、人力资源状况等选择自主开发、委托开发、联合开发、购买成熟软件建设支撑煤矿安全生产标准化工作的综合管理信息系统。

煤矿安全生产标准化综合管理信息系统的建设目标：以支撑煤矿双重预防机制和“三位一体”工作体系建设工作为指导，以煤矿安全风险分级管控和隐患排查治理体系建设、煤矿安全生产标准化要求为基础，体现风险分级管控思想，采用先进的信息技术，建成上下互动、资源共享、统一管理、全员参与的安全信息管理平台。实现对煤矿安全风险分级管控和事故隐患排查治理体系建设的信息化管理，推动煤矿安全生产标准化工作的开展。

将安全风险管控管理信息系统作为煤矿安全生产标准化综合管理信息系统的子系统，或者在煤矿现有其他信息系统中增加安全风险管控子系统。无论煤矿选择何种方式搭建支撑安全风险管控工作的管理信息系统平台，都应该明确其建设目标、功能需求和技术要求等。

一、系统建设目标

(1) 在煤矿安全生产标准化综合管理信息系统整体构架下，通过科学的功能设计、数据库设计和界面设计等，实现与隐患排查治理管理信息子系统和安全生产标准化管理信息子系统的高效集成，保证业务流程前后衔接畅通，多源信息实现充分共享。

(2) 建立科学的权限分配和信息共享机制，明确矿长全面负责、分管负责人各负其责的安全风险分级管控工作机制，充分发挥煤矿管理层、各业务科室、生产组织单位（区队）、班组、岗位人员在安全风险分级管控中的作用。

(3) 实现安全风险分级管控工作中风险辨识、风险评估、重大风险分析和管控重点确定、风险控制方案与计划制定、监测检查和改进等关键环节操作过程的流程化和程序化，保证相关工作的科学性和准确性，提高工作效率。

(4) 建立煤矿危险有害因素、安全风险、管控方案、体系文件及相关制度等基础数据库，实现各类安全信息的动态管理和信息化管理。

(5) 系统建设要充分考虑与煤矿各类监测监控系统的集成要求，实现数据共享，充分利用各类实时监控信息，提升对煤矿重大安全风险的预警能力，提高风险管控水平。

二、系统功能需求

根据煤矿安全风险管控管理信息（子）系统的建设目标和《煤矿安全生产标准化基本要求及评分方法（试行）》中的相关要求，确定煤矿安全风险管控管理信息（子）系统实现的具体功能为：

(1) 基础数据管理。系统的运行需要基础数据的支撑，例如单位部门、职员信息、职责职能信息、岗位、特殊工种、特种设备、任务工序、权限信息等。系统应提供基础数据的增加、修改、删除、多条件查询和数据的规范性校验功能等。

(2) 工作责任体系管理。依据要求实现矿长全面负责，分管负责人负责分管范围的煤矿安全组织结构。包括组织与安全职责的建立、组织结构的数据增加、修改、删除和信息发布等。

(3) 安全风险概述。实现对煤矿安全风险状况的总结，包括危险有害因素总数量、不同风险等级的危险有害因素数量、不同类别的危险有害因素总数量、不同风险等级的工作任务数量等。

(4) 风险台账管理。建立安全风险台账，实现安全风险信息的录入、修改、删除功能；实现重大安全风险的上报和信息存档。重大安全风险信息应当包括危险有害因素、地点、风险等级、事故类型、管控措施等相关资料，其中管控措施要求有具体的工作方案，明确人员、技术和资金等。

(5) 风险管控计划管理。实现年度风险管控计划管理，包含计划编制、下发、调整和存档等。实现月、旬等检查计划管理，包括计划执行方案，明确检查时间、方式、范围、内容、参加人员等。

(6) 风险管控措施检查管理。设计基于不同检查目的的检查工单，实现对重大风险管控措施定期检查和日常检查结果的录入、信息发送、检查分析结果录入、管控措施完善和调整方案录入等。

(7) 隐患和事故管理。可与隐患排查治理子系统合并此项功能，这里重点关注对出现隐患和发生事故时，通过分析确定相关重大风险管控措施是否有效、是否得到执行等，进一步完善重大安全风险管控措施，强化重大安全风险管控措施的落实。

(8) 信息公告。实现重大风险在信息系统上的公示。

(9) 综合查询及统计分析。系统可根据系统日常运行过程中积累的业务数据、按照业务统计规则进行自动汇总，生成各类统计图和报表，为管理层提供决策信息。

(10) 资金保障。系统内记录安全生产费用提取、使用制度，年度安全费用预算及月度统计报表、台账等资料。重点关注重大风险管控措施的资金保障情况。

(11) 教育培训管理。将安全风险辨识评估技术方法培训、安全风险辨识评估结果培训列入培训计划，实现不同级别安全教育培训计划、培训记录的登记、浏览；实现不同类别培训教材和培训题的登记、浏览；对培训数据进行汇总统计，并自动生成相关报表。

三、系统功能和界面

根据系统建设目标和功能需求，结合当前煤矿与安全管理相关的信息系统建设和运行状况，建议安全风险管控（子）系统至少应该实现以下具体功能。给出的相关功能界面仅供参考。

1. 工作职责体系

在系统内划分清楚各单位及各类人员的工作职责。通过该模块，用户可以进行风险管控工作单位、人员及职责的增加、修改、删除、查询等操作。工作职责分配界面如图 5-1 所示。

图 5-1　工作职责分配界面

2. 安全风险概述

根据风险辨识评估结果，对煤矿风险状况进行总结。通过该模块，用户实现对煤矿危险有害因素总数量、不同风险等级的危险有害因素数量、不同类别的危险有害因素总数量、不同风险等级的工作任务数量、重大风险数量等进行查询。安全风险概述界面如图 5-2 所示。

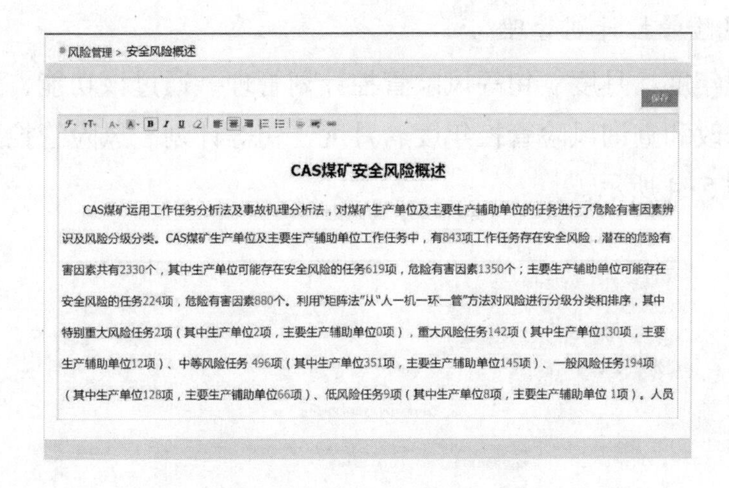
风险管理 > 安全风险概述

保存

CAS煤矿安全风险概述

CAS煤矿运用工作任务分析法及事故机理分析法，对煤矿生产单位及主要生产辅助单位的任务进行了危险有害因素辨识及风险分级分类。CAS煤矿生产单位及主要生产辅助单位工作任务中，有843项工作任务存在安全风险，潜在的危险有害因素共有2330个，其中生产单位可能存在安全风险的任务619项，危险有害因素1350个；主要生产辅助单位可能存在安全风险的任务224项，危险有害因素880个。利用"矩阵法"从"人一机一环一管"方法对风险进行分级分类和排序，其中特别重大风险任务2项（其中生产单位2项，主要生产辅助单位0项），重大风险任务142项（其中生产单位130项，主要生产辅助单位12项）、中等风险任务 496项（其中生产单位351项，主要生产辅助单位145项）、一般风险任务194项（其中生产单位128项，主要生产辅助单位66项）、低风险任务9项（其中生产单位8项，主要生产辅助单位 1项）。人员

图 5-2　安全风险概述界面

3. 风险台账管理

建立安全风险台账，自动生产安全风险清单。通过该模块，用户可以进行安全风险信息的录入、修改、删除功能，同时实现重大安全风险的上报和信息存档。安全风险查询界面如图 5-3 所示。

风险分级管控 > 安全风险台账

风险描述　专业类别 --请选择--　风险等级 --请选择--

任务工序 --请选择--　风险等级 --请选择--　审核状态 --请选择--

增加　修改　删除　审核　查看　EXCEL导出

选择	序号	风险描述	专业类别	任务	工序	辨识类型	风险等级
	1	安全设施不完好	运输	18、推车作业	1、检查推车路线	专项辨识	一般
	2	未检查或检查不到位	运输	18、推车作业	1、检查推车路线	专项辨识	一般
	3	未清理现场	运输	17、摘挂钩作业	6、清理现场	专项辨识	一般
	4	越过串车时，路线选择不当	运输	17、摘挂钩作业	5、摘挂作业	专项辨识	一般
	5	挂钩完毕后，未进行复查	运输	17、摘挂钩作业	5、摘挂作业	专项辨识	一般
	6	未挂保险绳	运输	17、摘挂钩作业	5、摘挂作业	专项辨识	一般
	7	链挂不符合规定	运输	17、摘挂钩作业	5、摘挂作业	专项辨识	一般
	8	操作不正确	运输	17、摘挂钩作业	5、摘挂作业	专项辨识	一般
	9	站立位置不正确	运输	17、摘挂钩作业	5、摘挂作业	专项辨识	一般
	10	车辆未停稳，摘挂钩	运输	17、摘挂钩作业	5、摘挂作业	专项辨识	一般

上一页 1 2 3 下一页

图 5-3　安全风险查询界面

4. 风险管控计划管理

实现年度、月度、旬等风险管控计划管理。通过该功能，用户可以编制、修改和查询风险管控年度、月度、旬等计划。风险管控计划增加界面如图 5-4 所示。

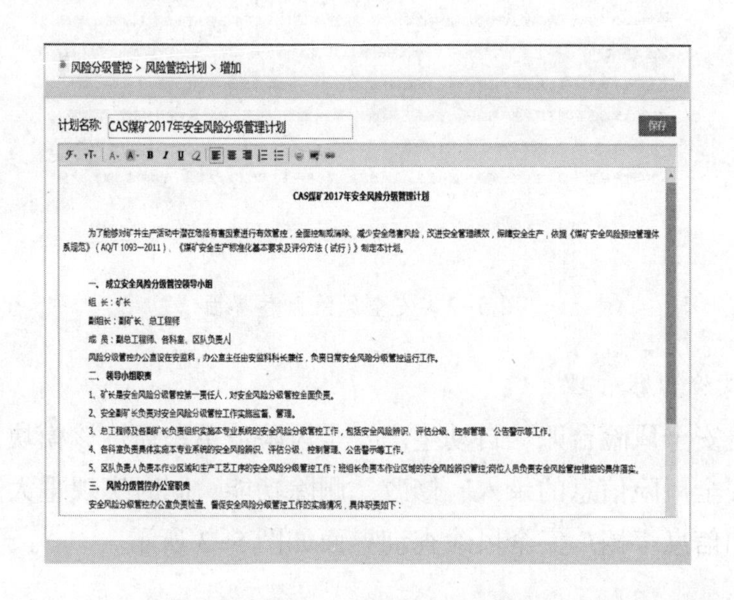

图 5-4　风险管控计划增加界面

5. 风险管控措施检查管理

设计基于不同检查目的的检查工单，实现对风险管控措施定期检查和日常检查结果管理。通过该模块，用户可以录入风险管控措施定期检查和日常检查的结果、安全信息发送、分析结论结果录入、管控措施完善和调整方案录入等。检查工单生成界面、检查结果录入编辑界面分别如图 5-5、图 5-6 所示。

6. 信息公告

实现重大风险在信息系统上的公示。通过该模块，用户可以编辑、发布重大风险信息。重大安全风险编辑界面如图 5-7 所示。

系统视窗

保存 返回

CAS煤矿风险分级管控动态检查工单

检查时间	2017-10-25	被检查单位	掘进队	检查单位	安监处	检查人	张三
派工人员	李四	录入时间	2017-10-26	工单编号	JJ20171002	检查地点	掘进面02

序号	标准编号	评分标准	存在问题	整改意见
1	J3.3.1	掘进工作面控顶距符合作业规程规定		
2	J3.3.2	不应空顶作业，临时支护数量、形式符合作业规程要求		
3	J3.3.3	架棚支护巷道应使用拉杆或撑木，炮掘工作面距迎头10m内应采取...		
4	J3.3.4	无空帮、空顶现象，煤巷锚杆支护应建立监测系统		
5	J3.3.5	巷道净宽误差范围符合GB50213-2010的要求：锚网（索）、锚喷...		
6	J3.3.6	巷道净高误差范围符合GB50213-2010的要求：锚网背（索）、锚...		
7	J3.3.7	巷道坡度等符合GB50213-2010的要求，掘进坡度的偏差不得超过1...		
8	J3.3.8	巷道水沟误差应符合以下要求：中线至内沿距离-50~50mm，腰线...		
9	J3.3.9	锚喷巷道喷层厚度不低于设计值90%（现场每25m打一组观测孔，...		
10	J3.3.10	锚喷巷道喷射混凝土的强度符合设计要求，基础深度不小于设计值...		
11	J3.3.11	光面爆破眼痕率：硬岩不应小于80%、中硬岩不应小于50%、软岩...		
12	J3.3.12	锚杆（索）安装、螺母扭矩、抗拔力、网的铺设连接符合设计要求...		
13	J3.3.13	刚性支架、钢架喷射混凝土、可缩性支架巷道偏差：支架间距≤50m...		

图 5-5　检查工单生成界面

系统视窗

提交 返回

*检查单位 --请选择-- *检查日期
*检查类型 --请选择-- *专业类别 --请选择--
*区域/地点 请选择 *责任单位 --请选择--
*整改负责人 请选择 整改责任人 请选择
*存在问题 备注：内容限制在512个中文内
*风险等级 --请选择-- *整改类型 已整改 限时整改 *整改期限
*危险有害因素 请选择
*整改措施 备注：内容限制在512个中文内
*检查依据 备注：内容限制在512个中文内
*考核标准 请选择
责任单位扣分

图 5-6　检查结果录入编辑界面

7. 综合查询及统计分析

实现对各类业务数据的编辑、查询和自动汇总。通过该模块，用户

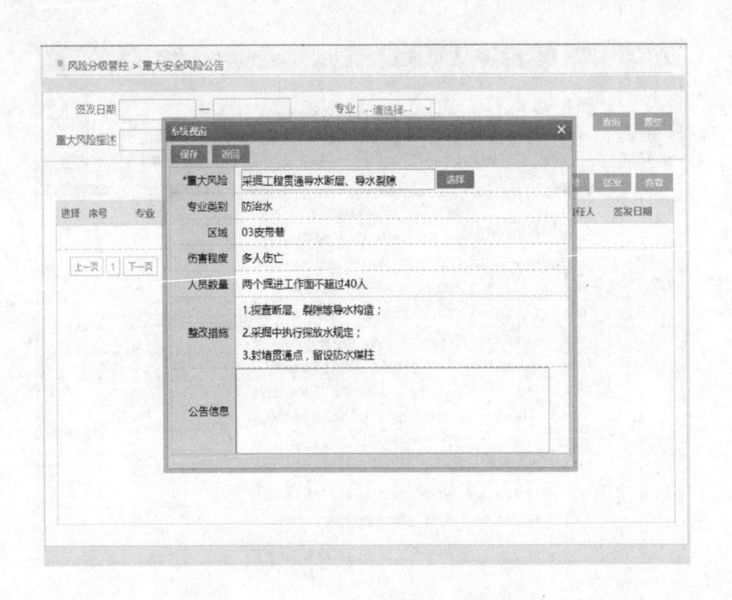

图 5-7　重大安全风险编辑界面

可以编辑、查询风险管控措施检查分析报告，根据工作需要生成各类统计图和报表等。月度风险管控措施检查报告编辑和查询界面、危险有害因素统计图浏览界面分别如图 5-8、图 5-9 所示。

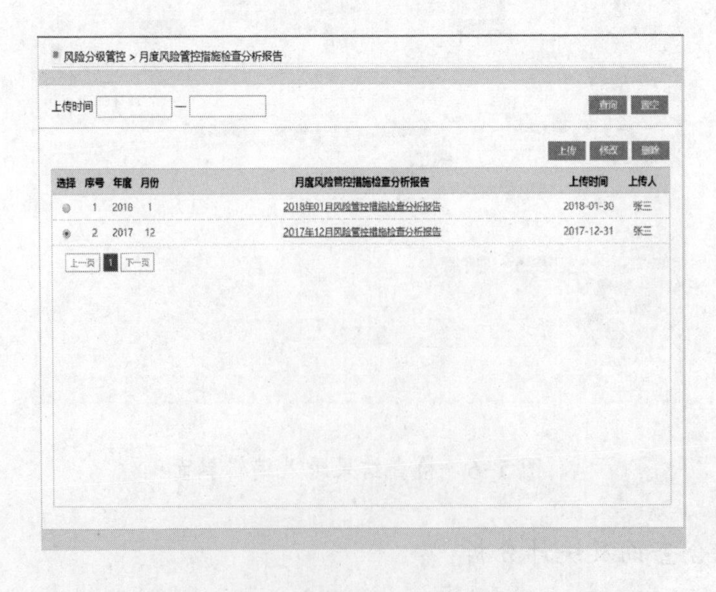

图 5-8　月度风险管控措施检查报告编辑和查询界面

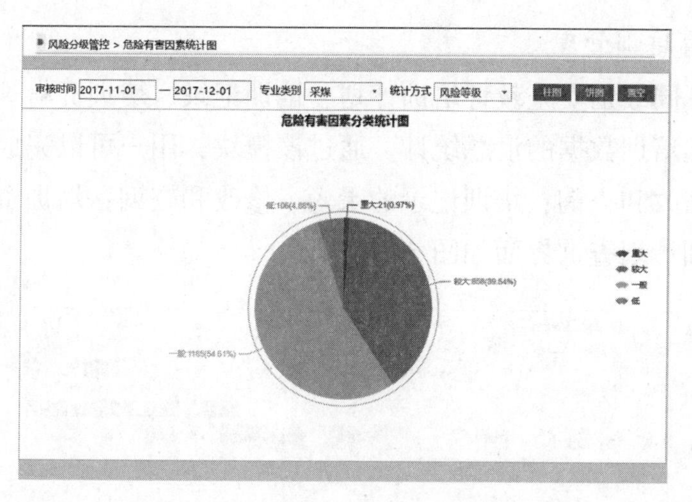

图 5-9　危险有害因素统计图浏览界面

8. 资金保障

实现对安全生产费用提取、使用制度，年度安全费用预算及月度统计报表、台账等的记录和管理。通过该模块，用户可以查阅资金提取、预算使用的相关信息，重点关注重大风险管控措施的资金保障情况。安全资金管理制度浏览界面如图 5-10 所示。

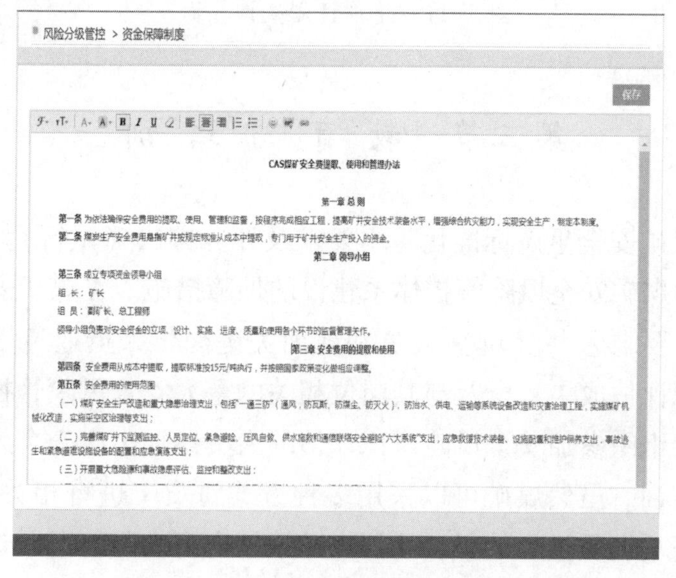

CAS煤矿安全费提取、使用和管理办法

第一章 总则

第一条 为依法确保安全费用的提取、使用、管理和监督，按程序完成相应工程，提高矿井安全技术装备水平，增强综合抗灾能力，实现安全生产，制定本制度。

第二条 煤炭生产安全费用是指矿井按规定标准从成本中提取，专门用于矿井安全生产投入的资金。

第二章 领导小组

第三条 成立专项资金领导小组

组 长：矿长

组 员：副矿长、总工程师

领导小组负责对安全资金的立项、设计、实施、进度、质量和使用各个环节的监督管理工作。

第三章 安全费用的提取和使用

第四条 安全费用从成本中提取，提取标准按15元/吨执行，并按照国家政策变化做相应调整。

第五条 安全费用的使用范围

（一）煤矿安全生产改造和重大隐患治理支出，包括"一通三防"（通风，防瓦斯、防煤尘、防灭火），防治水、供电、运输等系统设备改造和灾害治理工程，实施煤矿机械化改造，实施采空区治理等支出；

（二）完善煤矿井下监测监控、人员定位、紧急避险、压风自救、供水施救和通信联络安全避险"六大系统"支出，应急救援技术装备、设施配置和维护保养支出，事故逃生和紧急避难设施设备的配置和应急演练支出；

（三）开展重大危险源和事故隐患评估、监控和整改支出；

图 5-10　安全资金管理制度浏览界面

9. 教育培训管理

实现不同级别安全教育培训计划、培训记录、培训资料管理等的管理以及各类培训数据的汇总统计。通过该模块，用户可以完成培训计划的编制、修改和查询；培训记录的录入、修改和查询；培训资料下载浏览等。培训计划查询界面如图 5-11 所示。

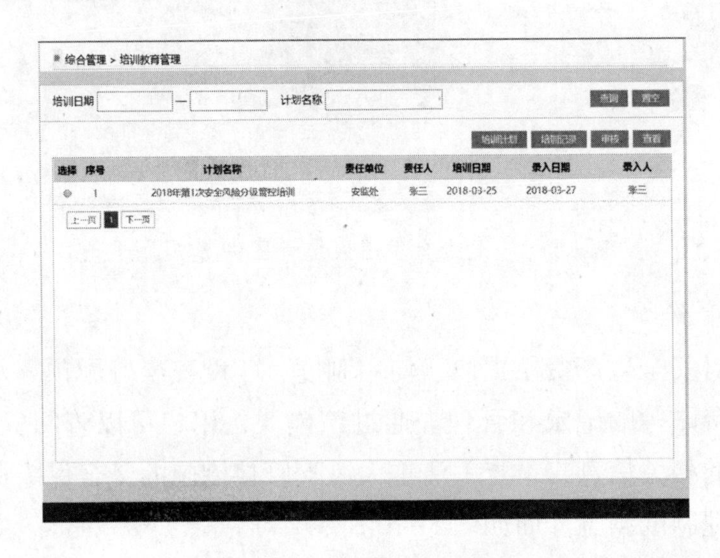

图 5-11　培训计划查询界面

第三节　教 育 与 培 训

在《煤矿安全生产标准化基本要求及评分方法（试行）》中，将教育培训作为煤矿安全风险管控体系建设的保障措施。在煤矿安全风险分级工作中，要求入井（坑）人员和地面关键岗位人员通过培训掌握安全风险辨识评估成果，以及与其岗位相关的重大安全风险管控措施；要求每年至少组织参加安全风险辨识评估的人员参加 1 次安全风险辨识评估技术的培训。虽然煤矿可以采用多种方式对员工进行相关知识培训，但为了保证培训质量和效果，建议煤矿根据自身实际情况，选择适当的培训方式，保证员工通过培训全面掌握安全风险分级管控的相关知识和技能，提高风险管控理念和意识。

为了达到《煤矿安全生产标准化基本要求及评分方法（试行）》对教育培训的要求，煤矿应建立和保持的培训程序，保证通过培训，使全体员工都具有标准要求的安全意识和具备安全地完成工作任务的能力。但需注意的是，在建立培训程序时，需根据煤矿不同层次的职责、能力和文化程度以及所面临风险的不同特点，有针对性地予以考虑，以便使程序更有效。

一般培训应包括识别培训要求、制订培训计划、培训以及培训效果评价等环节。培训应该遵照国家关于煤矿安全培训的相关规定执行。

为提高全体员工的安全意识和操作技能，保证培训效果，CAS 煤矿制定了培训控制程序，以提高员工安全知识、意识和技能。

CAS 煤矿培训控制程序（摘要）

一、职责

1. 矿长

矿长是安全培训工作第一责任人，总工程师主管安全技术培训工作，党委副书记主管全公司安全培训工作，人力资源科具体负责职工教育培训的组织、实施和管理工作。

2. 人力资源科

人力资源科负责职工教育培训计划的编制、组织实施、操作证件的管理与发放、内业资料的整理及培训档案的建立，以及培训记录等日常管理工作。

（1）负责制定安全技术培训管理制度，每年底结合生产实际及培训需求，及时编报年度培训计划与实施计划。

（2）按照集团公司要求选送学员参加集团公司举办的安全培训，并做好特种作业人员培训。

（3）按照规定定期组织本单位员工进行安全技术培训工作。

(4) 做好特种作业人员操作证件管理工作，原件由人力资源科统一保存，作业人员上岗时持复制件。

(5) 负责全公司安全培训工作，监督检查各区队职工安全技术培训工作的执行情况，负责入井安全资格证的办理。

3. 各区队书记

各区队书记负责本单位员工安全培训工作。

二、执行程序

1. 培训需求调查

每年末，人力资源科对所属各单位进行培训需求调查，形成《培训需求调查报告》。调查内容包括：

(1) 矿井安全管理培训的内容。

(2) 新技术、新工艺、新设备相关知识。

(3) 管理人员的管理知识和技能。

(4) 特种作业人员专业知识和操作技能。

(5) 转岗和新分配人员的培训需求。

(6) 法律、法规要求和上级单位下达的指令性内容。

(7) 安全风险分级管控体系建设的培训需求。

(8) 员工的个人要求。

2. 培训计划的编制和审批

培训计划包括外委培训和企业内培训两部分。

(1) 人力资源科根据《培训需求调查报告》和《上年度培训绩效评估报告》进行分析，编制《年度培训计划》。

(2)《年度培训计划》由公司总经理审核后，报集团公司教育培训处审批。

3. 培训计划的实施

(1) 人力资源科按照《年度培训计划》编制培训实施计划。公司内统一组织的培训，由人力资源科牵头组织实施培训，填写、保存相关培训记录（考勤表、培训教案或讲义、考试卷、培训记录、单项培训绩效评价表或培训总结等）。各单位自行组织的培训，如规程、措施的贯彻、学习等，各单位自行填写、保存相关记录。

（2）人力资源科按特种作业人员安全技术培训考核管理规定要求，向集团人力资源科按时报送复审培训名单，由集团人力资源科组织实施复审培训并记录考核结果。

三、培训管理

1. 培训形式可根据实际需要，采用内培或外培、脱产和业余相结合的形式。

2. 所有入井作业和参观实习的人员，必须学习入井安全知识，了解有关事故发生预兆、事故预防和应急措施以及避灾路线、井下自救、互救和急救的基本知识。

3. 未经安全技术培训或培训不合格的人员，不得上岗作业。

4. 培训教师要认真编写教案，做到一课一备。要结合实际，多进行事故案例分析、现场实物模拟操作培训，并充分利用电化教育、多媒体、动画、漫画等图文并茂的直观方法进行培训，力求达到良好效果。同时各单位要充分利用好会议视屏系统进行培训，减少教师重复培训劳动，提高培训效率。

5. 培训教师按照培训安排认真组织实施培训，培训结束后，教师要根据教学内容对学员实行闭卷考试。培训教师提供教案、试卷、学员考勤表（或签到表）考试成绩台账、单项培训绩效评价报告等内业资料。

6. 各区队要设专人负责本单位职工安全培训，保证按时参加公司组织的培训，同时对员工经常性的开展安全教育与培训。

7. 职工参加教育培训期间，各单位应保证职工的学习时间。同时所有培训人员必须按规定时间、地点、内容完成培训任务，如有事必须办理请假手续。

8. 从事特种作业的员工，必须经过国家规定的培训考核，取得特种作业资格证书后方能上岗。职工工种变动时，必须经转岗培训合格后，方可上岗。外委作业人员必须持“入井安全资格证”入井。

9. 对于每期的培训，培训教师、时间、操作等具体事宜按照培训实施计划执行。

10. 培训效果评价

每期培训完成后，人力资源科组织对培训效果进行综合的评价，并形成培训效果评价报告。

11. 建立健全安全培训记录和台账

(1) 人力资源科应建立培训记录，培训记录应包括：培训管理制度、年度培训计划、实施计划、培训总结等；

(2) 每期培训必须有如下资料：培训实施计划、考勤表（或签到表）、培训课程安排表（或培训内容）、教案、培训教材或资料、学员培训资料或讲义发放记录、试卷及成绩、单项培训绩效评价报告等；

(3) 建立培训管理台账，台账要详细记录培训时间、培训内容以及培训成绩等；

(4) 人力资源科保存总经理资格证、助理级以上管理干部安全资格证复印件，原件由本人保管；特种作业操作证由人力资源科统一保管，本人持复制件上岗。

参 考 文 献

[1] 国家煤矿安全监察局．煤矿安全生产标准化基本要求及评分方法（试行）[M]．北京：煤炭工业出版社，2017.

[2] 国家安全生产监督管理总局信息研究院．煤矿安全生产标准化基本要求及评分方法（试行）专家解读 [M]．北京：煤炭工业出版社，2017.

[3] 郝贵．煤矿安全风险预控 [M]．北京：煤炭工业出版社，2013.

[4] 郝贵，刘海滨，张光德．煤矿安全风险预控管理体系 [M]．北京：煤炭工业出版社，2012.

[5] 国家安全生产监督管理总局．AQ/T 1093—2011 煤矿安全风险预控管理体系 规范[S]．北京：煤炭工业出版社，2011.

[6] 中华人民共和国国家质量监督检验检疫总局，中国国家标准化管理委员会．GB/T 23694—2013 风险管理 术语 [S]．北京：中国标准出版社，2009.

[7] 山东省质量技术监督局．DB37/T 2882—2016 安全生产风险分级管控体系通则 [S]．2016.

[8] 刘海滨，梁振东．煤矿员工不安全行为影响因素及其干预研究 [M]．北京：中国经济出版社，2012.